SCHNEE

MICHAEL
SCHOPHAUS

SCHNEE

EINE LIEBESERKLÄRUNG AN DEN WINTER

at VERLAG

Für meine Eltern,
die mich mit ihrer Liebe
wärmten

Kälte bezeichnet ein
als niedrige [Außen]temperatur
messbares Kaltsein der Luft,
wobei man einen starken Mangel
an Wärme empfindet.

duden.de

Inhalt

PROLOG

Schnee essen

Ich war drei Jahre alt, als ich den Frost entdeckte. Meine Mutter redet heute noch davon. Wie ich vor Glück gluckste, wenn ich mit meinen Stiefeln über das Eis der kleinen, starren Pfützen rutschte. Wie ich mit den Händen über das kalte Kleid des Winters strich und nicht eher aufhören wollte, bis meine Finger so blau waren wie der krumme Himmel über uns. Ich liebte diese sanfte, weiße Welt, weil sie leise war, weil sie knirschte und so versöhnlich knackte. Gierig sog ich diese Nässe ein, spielte mit dem Qualm, der mir vor dem Mund tanzte, und streckte die Zunge raus, damit die Flocken auf ihr landen und ich sie selig schlucken konnte.

Der Winter sollte in meinem Bauch sein. Ich wollte ihn besitzen. Keiner durfte ihn mehr sehen. Schnee essen, nannte ich das.

Wenn er weg war, weinte ich, weil er weg war. Erst später erkannte ich, dass er schmolz, und heulte deshalb noch mehr Rotz und Wasser. Ich konnte das Gehen der

Kälte nicht begreifen, keiner hatte mir was von der Vergänglichkeit des Schnees erzählt. Sie verstand ich ungefähr zur gleichen Zeit wie die Tatsache, dass auch Menschen sterben können. Ich war traurig, ich war untröstlich. Nicht wegen der Menschen, sondern wegen des Schnees.

Außerdem hatte meine Mutter so eine Art, mir den Winter ganz brutal auszutreiben. Sie steckte meine nassen Füße einfach in den offenen Backofen, manchmal hasste ich sie dafür.

Da saß ich nun auf einem Küchenstuhl und sah stinkbeleidigt meinen Socken zu, wie sie in der Wärme dampften. Sie lagen auf dem Backblech, was für jeden späteren Kuchen oder Braten nicht gerade angenehm sein konnte, und ich wartete, bis meine besorgte Mutter glaubte, das Messer für die Amputation meiner frostverbeulten Zehen doch noch in der Schublade lassen zu können. Eigentlich durfte ich es ihr nicht übel nehmen. Sie kannte noch richtig harte Winter und hatte als Kind im Krieg bitter gefroren. Wärme ist für sie ein guter, starker Schutz vor allem Fremden da draußen und niemals selbstverständlich für sie gewesen. Meine Mutter schaltet ihre Heizung immer erst im Juni aus.

Irgendwann war ich groß genug, dass ich bis ans Klofenster reichte. Da nahm ich ein Zahnputzglas mit kaltem Wasser und stellte es raus aufs Fensterbrett. Dazu balancierte ich aufgeregter Pimpf auf der geschlossenen Toilettenschüssel herum, bis ich es endlich schaffte, das Gefäß am Sims abzustellen. Manchmal verschüttete ich es, dann wischte ich alles ab und fing wieder von vorn an. Meine Eltern wunderten sich oft, wie lange ich im Bad blieb, ich erzählte ihnen was von Bauchweh und zu viel Süßem, und sie waren vorerst beruhigt. Keiner vermutete, dass ich nur Kälte gucken wollte.

Ja, so hieß es bei mir, Kälte gucken, und es gab nicht wenige, die mich bei diesem Wort sogar im Kindergarten mitleidig ansahen. Sie glaubten wohl, ich sei in einem Kühlschrank zur Welt gekommen oder von Pinguinen großgezogen worden, ich weiß noch genau, die Kinder spielten, ich aber klebte am Fenster und staunte Bauklötze, wenn es schneite. Während andere in meinem Alter gerade damit begannen, sich fürs Fernsehen zu interessieren und die Damenunterwäsche im Otto-Katalog zu betrachten, schloss ich mich zu Hause auf dem Klo ein und schaute dem Winter dabei zu, wie er seinen Dienst versah. Ich glaube, ich war ein ziemlich hoffnungsloser Fall.

Ständig öffnete ich das Fenster und freute mich, wenn die Haut im Wasserglas dicker geworden war. Manchmal steckte ich den Finger in den kühlen, kristallinen Brei, rührte darin herum und bildete mir ein, der Nordpol drehe sich in meinem Zahnputzbecher. Nur dort, nirgendwo anders. Doch irgendwann kam ich auf den Trichter, dass es mit dem Eis viel länger dauerte, wenn mein kleiner Tümpel schwappte. Also legte ich mir ein Kissen ins Fenster und glotzte mir nur noch sehnlichst den Winter herbei. Damals gab es wenigstens noch einen Winter, er schaffte es schon nach kurzer Zeit, so ein bisschen Flüssigkeit in einen neuen Zustand zu versetzen. Kinderspiel, dachte ich.

Die Kälte machte das Wasser glasig, fremd und steif und ließ in guten Nächten sogar Risse wachsen, bei denen ich an klare Blitze dachte und an die kahlen Äste eines Baumes. Ich war einsam, aber glücklich, dort an meinem Klofenster. Das Eis war meine Mattscheibe, während aus der Flimmerkiste im Wohnzimmer die Schüsse eines Westerns lockten. Jetzt war Haltung gefragt, für einen kleinen, neugierigen Jungen wie mich. Ich blieb da, bis es selbst mir zu kalt wurde und ich dann doch heimlich hinter den schweren Vorhang kroch, der die Küche von unserem Wohnzimmer trennte. Mein Vater zog ihn immer zu, um mit seinem Fernsehapparat allein zu sein. Ich guckte dann nicht Kälte, sondern Hitchcock, Durbridge und Bonanza.

Aber auch dort, im stillen, kratzigen Versteck, wo ich mit weit aufgerissenen Augen meine ersten Verbrechen verfolgte und nicht laut atmen durfte, um bloß nicht aufzufallen, dachte ich an meinen Becher im Fenster. Vor mir wurden heulende Indianer vom Pferd geschossen und wurde eine junge, hübsche Frau so lange mit dem Halstuch stranguliert, bis sie ihre Augen verdrehte und in die Themse fiel. Aber ich hätte plötzlich wieder nichts lieber gemacht, als mich ans Fenster zu hangeln und Winter zu gucken. Winter hatte auf mich eine größere Wirkung als eiskalte Morde.

Über fünfzig Jahre später lag ich auf dem Eis des Baikalsees und lächelte über die Bilder meiner Kindheit, die mir gerade im Kopf herumschwirrten. Ein wütender Sturm zerrte am Zelt, und drinnen kochten wir Schnee in einem Topf über der flackernden Gasflamme. Ohne den Schnee hätten wir nichts zu trinken gehabt, Wasser wurde gleich zu Eis. Wir waren den ganzen Tag über den zugefrorenen See in Sibirien gewandert, der Wind klatschte uns mit über dreißig Grad minus ins Gesicht. Das war sogar mir zu kalt.

Ich war unterwegs, weil ich Wintergucken zu meinem Beruf gemacht hatte, manchmal zumindest. Ich durfte auf den Kilimandscharo, um dort nach dem letzten Schnee zu suchen. Ich fuhr mit dem Hundeschlitten durch Lappland oder mit den Skiern über die höchsten Berge Norwegens. Ein begeisterter Wissenschaftler bewies mir unter einem Mikroskop, dass Schnee sogar lebt. Ich reiste in die norwegische Provinz Telemark, wo man das Skilaufen erfand, und durfte auf Skischanzen sitzen, um mit Menschen vom Singen des Eises zu schwärmen. Meine Kollegen rissen sich nicht gerade um solche Geschichten, und jetzt hockte ich also in Sibirien auf der starren, kalten Haut des tiefsten Sees der Welt und sägte an einem Käse, der steinhart gefroren war.

Zum ersten Mal spürte ich so etwas wie Angst vor dem Winter und großen Respekt vor diesem starken Stück Natur.

Wir steckten mit dicker Kleidung in den Schlafsäcken, trugen Masken im Gesicht, und das bisschen Nase, das dabei draußen blieb, war am nächsten Morgen mit Raureif bedeckt. Unter uns stöhnte das Eis des Baikalsees, es grollte wie ein Ungeheuer, nachts träumte ich, dass es mich auf den Grund ziehen würde. 80 Zentimeter gefrorenes Wasser trennten uns von einem knirschenden Schlund, der bis auf 1600 Meter reichte. Ein paar Tage vorher waren zwei Russen mit ihrem Auto von einem Spalt, der sich plötzlich vor ihnen auftat, für immer verschluckt worden. Einfach so. Da durfte ich mich auch mal fürchten, fand ich. Mir ging der Arsch auf Grundeis, sozusagen.

Nach drei Tagen waren wir auf der anderen Seite und leerten eine Flasche Wodka. Er schmeckte besser als Schnee.

MEIN KALTER EIGEN

Skifahren auf der Bottroper Autobahnbrücke.
Die ersten Berge mit Lehrer Handke im Sauerland.
Vater erzählt mir vom kalten Krieg, und
Großmutter hält mich für völlig verrückt.

Ich weiß nichts Schönres auf der Welt,
als wenn ein Schnee vom Himmel fällt,
so klein und weich und leise.
Dann steh ich wohl auf weiter Flur,
es webt in mir ein Fühlen nur:
Ich bin ein Kind und ganz verloren
in diesem weichgepflockten Taumeltanz,
in dieser Undurchdringlichkeit und Stille ganz
bin ich ein Schnee, als Flocke nur geboren.

Carl Peter Fröhling, Germanist

Meine Kindheit verbrachte ich in Bottrop, mitten im Ruhrgebiet. Das machte die Sache mit dem Winter nicht gerade leichter für mich. Als ich klein war, standen noch überall Schlote und Kühltürme herum, die ihren Dreck bis in den Himmel spuckten; die den Schnee mit gelbem Schleim überzogen und ihn oft zu einer traurigen, nassen Pampe erstickten. Mein Vater war einige Zeit lang Bergmann auf der Zeche, ich weiß noch genau, wie ich ihn wütend ansah, wenn der Schnee schon nach ein paar Stunden seine weiße Unschuld verlor. Du bist schuld, sagte ich, du und deine Zeche, aber mein Vater lachte nur und schrubbte sich seine schwarzen Hände mit der Nagelbürste sauber.

Natürlich wusste er längst von meinem Zahnputzbecher im Klofenster. Einmal schlich er mir hinterher, sah mir belustigt zu, wie ich mich hochhangelte, und hob mich nach einiger Zeit mit seinen starken Armen auf den Beckenrand der Badewanne. Dann sah er mich durchdringend an, holte Luft und erzählte mir vom Krieg. Wie es auch meine Mutter so oft tat. Er sprach nicht über diese Gräuel, dass er auf Menschen hatte schießen müssen, was ihm sein Leben lang – und wie auch nicht – keine Ruhe ließ. Nein, er sprach mit mir über die schlimmste Kälte, die er jemals erlebt hatte. Ernst, ehrlich, stockend, später weinte er sogar. Er weinte über eine Kälte, die aus Frost und Angst bestand.

Er berichtete mir von seiner Flucht aus der Gefangenschaft in Frankreich. Irgendwo in den Bergen musste er bei einem Bauern arbeiten, im Sommer bei der Ernte helfen und im Winter steile Straßen frei schaufeln und Holz hacken für den Kamin des Hofes. Er schlief mit einigen anderen Gefangenen in einer zugigen, schwer bewachten Scheune. Irgendwann gelang es ihm trotzdem, unbemerkt durch ein Loch in der Bretterbude zu schlüpfen und sich bis zum nächsten Bahnhof durchzuschlagen. Dort hängte er sich unter einen Zug in Richtung Schweiz und hielt sich an einer Achse unter der Zugtoilette fest.

Seine Geschichte packte mich wie ein Abenteuerroman. Ich war stolz auf meinen Vater, obwohl die Sache nicht gut ausgehen sollte. Ich saß auf der Badewanne, neben Handtüchern, Klobürste und Waschlappen, und hörte ihm fasziniert zu. Mein Vater sprach ganz ruhig, obwohl es um nichts weniger als sein blutjunges Leben ging.

Er schwebte dort über den Gleisen, deren Schwellen hastig unter ihm vorbeiwischten. Ein tapferer, seelenwunder Junge mit nur neunzehn Jahren, den der Krieg viel zu schnell erwachsen werden ließ. Er klammerte sich ängstlich an die Streben und drohte während der Fahrt herunterzufallen, weil seine Hände mittlerweile so taub waren, dass er sie nicht mehr spürte. Ein Schraubstock für die Freiheit. Die Finger versuchte er vor dem scharfen Wind zu schützen, indem er die Ärmel seiner Jacke über die Hände zog oder mit den noch warmen Lippen gegen die zittrigen Pranken blies. Es war strenger Winter in den Alpen, das Loch in der Scheune hatte nicht auf den Sommer warten können.

Es kam, wie es kommen musste, erzählte mein Vater. An einem Bahnhof ließ er sich erschöpft fallen, er hätte sich nicht eine Sekunde länger halten können. Er fiel in eine hohe, ölige Schneewechte, die der Luftzug der Züge angehäuft hatte. Sie entdeckten ihn sofort, brüllten aufgeregt herum und zogen ihn an den Armen unter dem Waggon hervor. Ein schlotterndes Bündel Mensch, das bestialisch von der Scheiße aus dem Klo über ihm stank. Später erfuhr er, dass er es fast über die Grenze zur Schweiz geschafft hätte. Nur knapp zehn Minuten fehlten ihm in seinem kalten Versteck.

Noch dreimal versuchte er es, erzählte er mir. Immer im Winter, er wusste selbst nicht, warum bei der Flucht niemals warmes Wetter war. Er zuckte die Achseln, vielleicht, sagte er, weil wir bei Schnee und Eis weniger bewacht wurden. Noch dreimal erwischten sie ihn, meist kurz vor der Grenze. Sein Heimweh, sein Hunger, sein Schneid hatten ihn sehr mutig gemacht, aber es nutzte ihm alles nichts.

Es sollte noch vier Jahre dauern, bis er endlich vor der Tür meiner Großmutter stand. Sie glaubte, dass sie der Schlag treffen würde, ein wunderbar sanfter Blitz vom lieben Gott. Ihr Sohn war nach Kriegsende für tot erklärt worden, und sie zeigte ihm weinend den Brief der deutschen Wehrmacht.

Meine Großmutter war es auch, die mich viele Jahre später für verrückt hielt, als ich mit dem Skifahren begann. Sie schüttelte ihre silbrige Mähne und entrüstete sich über meine komischen Bretter, wie sie sich auch über die langhaarigen Beatles erzürnte oder über Mädchen, die zu kurze Röcke trugen. Sie war eine gottesfürchtige Frau, hatte acht Kinder geboren, vier Jungen und vier Mädchen großgezogen. Was kommt, wird gewickelt, sagte sie. Sie erlebte zwei Kriege, klaglos, stumm, ohne zu jammern. Als Hitler an die Macht kam, machte sie seine blöden Grimassen nach und rief *Heil du ihn doch!,* wenn kein Nazi in der Nähe war. Dass mein Vater, ihr ältester Sohn, Flieger in der Hitlerjugend wurde, brachte sie fast um den Verstand.

Ich liebte sie sehr. Nannte diese kleine Frau meine große Mutter und schlief so oft bei ihr, wie ich nur konnte. Sie hatte immer Zeit, seit ihre Kinder aus dem Haus waren. Abends spielten wir Mensch ärgere Dich nicht, und ich übersah lächelnd ihr Schummeln, wenn sie die Figuren heimlich verschob. Nachts kuschelten wir uns ins Bett. Sie hatte von ihren vielen Geburten offene, eitrige Beine bekommen und trug riesige Verbände, die jeden Tag gewickelt werden mussten. Mir machte es nichts aus, wir lagen glücklich in ihrem knarrenden Ehebett.

Ihr Mann war lange vorher im Suff gestorben. Er sei, hieß es, eines Tages auf dem Heimweg aus der Kneipe vom Fahrrad gefallen und im Garten der Nachbarn gefunden worden. Manchmal kullerte ich im Schlaf aus ihren frischen, bauschigen Kissen auf den Boden. Das Haus stand schrecklich schief und hatte Risse in den Wänden, wie viele Häuser in Bottrop. Es waren die Wunden eines langen Raubbaus unter Tage, es passierte oft, dass alte Grubenstollen in sich zusammensackten und die Erde müde zitterte. Meine Großmutter kannte das schon. Sie hatte vor nichts und niemandem Angst, außer vor Gott. Der Stadtteil, in dem sie wohnte, hieß *kalter Eigen.* Angeblich hielten dort Eisenerze den Erdboden kühl, der warme Eigen begann nur zwei Straßen weiter.

Als ich die ersten Bretter anschleppte, hätte sie mich am liebsten zum Teufel gejagt. Sie sprach sogar von Frevel, was ich für eindeutig übertrieben hielt. Ich glaube, sie hatte einfach nur Sorge um mich. Mit zehn Jahren hatte ich die Skier zu Weihnachten bekommen und platzte vor Stolz. Am Heiligen Abend schnallte ich sie mir an und erklärte den Flokatiteppich im Wohnzimmer zur ersten Piste meines Lebens.

Ich freute mich wie ein Schneekönig und schob mich zum Entsetzen meiner Mutter auf den Stöcken um den Tannenbaum herum. Dabei ärgerte ich meine kleine Schwester und säbelte ihr mit den scharfen Kanten der Holzlatten das süße Köpfchen ihrer nagelneuen Puppe ab. Danach bretterte ich die Kellertreppe runter, sie war meine schwarze Piste, ich erinnere mich genau, und meine Eltern waren darüber nicht gerade sehr amüsiert.

Ein paar Tage später durfte ich auf die Autobahnbrücke im Köllnischen Wald. Über Nacht hatte es geschneit, und mein Becher, der immer noch im Fenster stand, versprach bestes Winterwetter unter der Käseglocke von Bottrop. Ich schulterte die schweren Skier und marschierte mit geschwellter Brust zum Steilhang dieses hässlichen Betonklotzes, der über die Straße nach Oberhausen führte. Ich hatte Knickerbocker, Pullover und Regenjacke an, auf dem Kopf tanzte der lustige Bommel meiner selbst gestrickten Pudelmütze. Ich war Toni Sailer, mindestens.

Plötzlich war ich in Bottrop ein kleines Naturereignis. Spaziergänger blieben stehen, um zwei fürchterlich verdrehten Beinen dabei zuzusehen, wie sie im Schneepflug die Kurven auf der Brücke kratzten. Im Ruhrpott spielte man ja bei jedem Mistwetter Fußball, und die Mütter redeten bloß von falscher Kleidung, wenn ihre Kinder aufs Feld wollten, um im Herbststurm auf die Bäume zu steigen. Aber das hier? Ein Skifahrer im Wald? Der immer wieder breitbeinig den Hang hinaufstiefelte, als würden seinen Darm hartnäckige Flatulenzen plagen? Man stand dort, lachte, staunte und diskutierte eifrig.

Ich schwitzte, ich fror, ich knirschte, manchmal auch mit den Zähnen. Weil ich mit meiner jungen, ungestümen Kraft einen Matsch bearbeitete, der schon nach kurzer Zeit einem Häufchen feuchtem Elend ähnelte. Von wegen weiße Pracht, sie sah bald aus wie etwas, das aus der Tiefkühltruhe geschrappt worden war; und ja, ich hatte natürlich meinen Beitrag zu dem trostlosen Anblick geleistet, ich scheuerte, schabte und krallte die Latten knallhart in die Erde, damit ich auf der glatten, ungewohnten Unterlage Halt finden konnte. Was ich auch probierte, sie war zu glatt für mich. Aber irgendwann hatte ich den Bogen raus. Und wie. Ein alter Mann spießte seinen Stock in den Frost und klatschte mir begeistert zu.

Da stand es für mich fest, ich wollte Bottroper Meister im Skifahren werden.

Die Brücke wurde vor fünfzig Jahren mein ganzes Glück. Der Winter damals ließ sich auch nicht lumpen, es schneite manchmal tagelang, und eines Morgens sah Bottrop aus wie ein gemachtes Bett, das nur auf eine wilde Kissenschlacht wartete. Meine Mutter las mir zum Einschlafen das Märchen von Frau Holle vor, und ich fiel ihr ins Wort, wenn sie die Sätze verdrehte, weil ich schon lange selbst lesen konnte. Ich genoss es trotzdem, ihre Stimme zu hören, sie war so leise und so sanft wie der Schnee vor meinem Fenster. Mein Becher war in der weißen Pracht versunken, es herrschte ein Winter wie aus dem Bilderbuch.

Meine ersten Berge sah ich in Winterberg. Was für ein Name, dachte ich, Winterberg, als ich ins Sauerland reiste. Das war zwei Stunden mit dem Auto von uns entfernt, und *Berge* ist vielleicht etwas zu hoch gegriffen. In die Landschaft schmiegten sich dort eher brave, gütige Hügel, über deren Hänge sich ein paar Schlepplifte schlängelten. Sie wirkten auf mich wie vollgefressene Raupen, die oben alles ausspuckten, was sie unten geschluckt hatten. Es wimmelte vor Menschen, die den Schnee scheinbar so liebten wie ich. Niemals hätte ich geglaubt, dass es so viele Verrückte wie mich geben würde. Pralle, satt gesaugte Flocken torkelten vom Himmel, schwankten argwöhnisch über dem Boden und zögerten, bevor sie endgültig auf die Erde platzten. Ich hatte das Gefühl, sie wussten nicht, ob sie bleiben sollten. Weil es hier so laut war.

Ich war gerade aufs Gymnasium gekommen und verbrachte meine erste Skifreizeit in einem kühlen Kaff, das Küstelberg hieß. Es war viel ruhiger als Winterberg und nur ein paar Kilometer davon entfernt. Die Ruhr gurgelte aus einem runzligen großen Felsen heraus, bevor sie sich auf ihren weiten Weg zum Rhein machte. Sie rauchte in ihrem klammen Bett, plätscherte zufrieden über ein Feld und verschwand in einem dichten Wald. Der Berg, unser Berg, hieß Schlossberg. Er war plötzlich doch nicht mehr so flach, und als wir morgens mit den Skiern auf den Schultern vor ihm standen, wirkte er auf uns wie ein weißer Riese, der jeden ganz leicht abschütteln könnte.

Wir waren die ersten Skifahrer unserer Schule, weil wir einen Lehrer hatten, der Hubert Handke hieß und ein großer Freund des Winters war. Lehrer Handke war nicht besonders beliebt und wurde von allen nur *Zupp Zupp* genannt. Er rannte meist schlecht gelaunt über den Schulhof und ließ uns hundertmal Sätze wie *Ich darf nicht Ball spielen* aufschreiben, falls er einen beim Kicken in der Pause erwischte. Aber zupp, zupp!

Er war ein pädagogischer Kotzbrocken, um es höflich auszudrücken. Ich hatte ihn neben Sport auch in Englisch, dort prägte er den für mich historischen Satz, den ich später immer gern als Skilehrer zum Besten gab, wenn meine Schüler neben der Piste ganz dringend die Hose lüften mussten. *Don't eat yellow snow,* sprach er und schmunzelte. Wie wunderbar! Für mich hätte dieser Spruch nach seinem Tod auf den Grabstein von Hubert Handke gehört.

Herr Handke konnte nur jämmerlich Ski fahren, aber dafür stundenlang erklären, wie Skifahren geht. Er erklärte die taloffene Bergstemme. Er erklärte das kurveneinwärtige Aufkanten bei hangwärtiger Beugung des Rumpfes, er erklärte das seitliche Abrutschen durch talseitige Belastung der Knie. Oder was weiß ich, wir begriffen jedenfalls weniger als nichts. Dabei stand er stramm wie ein Soldat vorm Schießbefehl auf seinen archaischen Brettern, die aussahen wie aus einem Baum geschnitzt.

Er trug Russenkappe, Fäustlinge und Bundeswehrparka und brüllte so laut herum, dass seine merkwürdige Didaktik nur so von den lieblichen Hügeln hallte. Er ließ mich oft vorfahren, obwohl ich nicht wusste, welche Schulter ich jetzt wieder talwärts drehen sollte oder wie eigentlich ein Schwung auszusehen hatte, der vertikal ausgelöst wird. Ich war überfordert von der Anatomie meines Körpers und den blöden Sprüchen meiner Klassenkameraden.

Oft schnauzte Lehrer Handke mir irgendwas hinterher, das ich nicht verstand und das mich bei der Überwindung der Schwerkraft nicht eben selbstbewusster machte. Schophaus, die Hüfte! Schophaus, das Knie! Schophaus, so nicht! Aber dann dachte Schophaus an die Autobahnbrücke in Bottrop, an seine ersten Zuschauer und an sein stilles Glück im klammen Matsch. Euch zeig ich's, raunte ich mir zu, und ich zeigte es ihnen – aber so richtig. Unten hing ich nach der Abfahrt locker über den Stöcken, und mein gönnerhaftes Grinsen wirkte wie: Sagt jetzt bitte Franz Klammer zu mir.

Ich weiß nicht, wie viele Schwünge ich bis heute in den Schnee gesetzt habe. Doch diese frechen Spuren im Sauerland waren für mich die wichtigsten und blieben mir immer in Erinnerung. Ich machte mächtig Eindruck bei den Jungs, Jürgen klopfte mir anerkennend auf den todschicken Norwegerpullover. Er war mein bester Freund, seit wir uns im Kindergarten die Zahnbürste geteilt und später die Unterarme aufgeritzt hatten, um ewige Blutsbrüder wie bei Winnetou zu werden. Doch am Nachmittag sickerte sein eigenes Blut in den Küstelberger Schnee. Er war sehr konzentriert in einen Stacheldrahtzaun gesaust. Jürgen wimmerte vor Schmerzen, aber Lehrer Handke, dieser eiskalte Hund, gab ihm nicht nur die Hausapotheke, sondern wegen groben Unfugs auch noch Stubenarrest.

Friedhelm machte ebenfalls keinen sehr fachkundigen Abgang. Ich kann mich noch genau daran erinnern. Er übersah ein paar gemeine spitze Buckel und landete nach einem völlig ungewollten Salto in ein paar Dornenbüschen am Ende des Schlossbergs. Er hatte die Skischuhe nicht richtig zugeschnürt, sie steckten noch in den Bindungen, während er in Socken durchs Sauerland flog. Kein Bild für die Götter, eher eines für den Dorfarzt. Für ihn war die Sache gelaufen, aber nicht jeder hatte Mitleid mit diesem großspurigen Angeber.

Er war ein frecher Rabauke und rühmte sich gern damit, die meisten Eintragungen im Klassenbuch zu haben. Ich glaube, in einem Schuljahr waren es über 150 Vermerke. Einmal stand da in Biologie: *Friedhelm stört bei der Befruchtung.* Darauf war er sehr stolz, ein Tadel für die Ewigkeit, prahlte er. In einem anderen Fall stellte er den offenen Schulschrank so nah vor die Klassentür, dass der für seinen hastigen Schritt bekannte Pauker geradewegs in den Schrank stürmte und mit ihm krachend auf den Boden kippte. Friedhelm klebte Kaugummi ins Türschloss, damit der Lateinlehrer bei einer bevorstehenden Arbeit nicht seine eklatanten Schwächen beim Bilden des Plusquamperfektes überprüfen konnte. Er aß auch beim Zeichnen einer Obstschale die Äpfel, Birnen und Bananen auf, um sie als trostlose Abfälle wieder hineinzulegen, die wir dann eifrig aufs Papier bannten.

Wie gesagt, unser Mitleid für Friedhelm hielt sich in Grenzen, als er humpelnd auf Socken zu seinen Brettern zurückstiefelte und dabei auch noch die quallige Tobsucht von Lehrer Handke über sich ergehen lassen musste. Der hatte nämlich in Augenblicken höchster Erregung die unangenehme Eigenschaft, eine sehr feuchte Aussprache zu entwickeln. Friedhelm wirkte wie ein begossener Pudel, der sich die ganze Woche nicht mehr vor die

Tür traute. Es wurde trotzdem noch eine schöne Zeit im Sauerland. Ich wedelte wie ein junger Gott, danach sollte ich sogar Klassensprecher werden, was mir sonst nie im Leben passiert wäre.

Einige Jahre danach erlebte ich echte Berge. Ich werde meinen Eltern ewig dankbar dafür sein.

Sie waren nicht reich, aber auch nicht arm. Doch dass sie meiner kleinen Schwester und mir jedes Jahr drei Wochen im Jahr Skifahren ermöglichten, wusste ich erst zu schätzen, als ich selbst mit meinen Kindern in die Alpen fuhr. Das Verhältnis zu meiner kleinen Schwester wurde dadurch allerdings nicht unbedingt entspannter. Statt sie an einer Garderobe aufzuhängen und sie hilflos zappeln zu lassen oder ihr die Geschichte vom traurigen Meerschweinchen zu erzählen, dem im harten Frost die Pfoten abfielen, gingen meine fiesen Spielchen nun auf der Piste weiter. Einmal löste ich ein Schneebrett aus, um ihr zu zeigen, wie Verschütten geht. Nach einer halben Stunde hatte ich sie wieder ausgegraben. Sie fand es gar nicht lustig, mein Vater auch nicht. Ich bekam eine Ohrfeige, es blieb meine einzige.

Wenig später starb meine Großmutter, und mit aller Macht brach der Frühling aus. Die Knospen der Bäume neben ihrem Grab sprangen voller Sehnsucht auf, die Vögel rieben verliebt ihre Schnäbel an die Äste, und mein Vater und ich nahmen uns während der Trauerfeier an die Hand. Im April stirbt man doch nicht, sagte er und warf ihr eine Rose auf den Sarg. Jetzt, wo alles zu leben beginnt. Ich weinte bitterlich, nicht mal die Sonne konnte mich trösten.

Sie hatte mir nie beim Skifahren zugesehen, was mich noch trauriger machte, ich hätte es ihr so gern gezeigt. Der Weg von der Autobahnbrücke zur ihrem schiefen Häuschen war gar nicht mal so weit, aber wegen ihrer offenen

Beine war sie nicht gut zu Fuß, und ins Auto setzte sie sich beim Leben ihrer acht Kinder nicht. Sie war eben eine kleine, starke Frau mit festen Grundsätzen. Kinder leckt man nicht aus dem Schnee, sagte sie immer, wenn wir in ihrem verschneiten Garten des kalten Eigens herumtollten. Ich hatte keine Ahnung, was das heißen sollte. Aber ich habe diesen Satz nie vergessen.

Mein Vater überlebte seine Mutter nur um vierzehn Jahre, er verließ uns an einem sonnigen, fast warmen Wintertag im Februar. Doch als ich am Abend an sein Totenbett ins Krankenhaus eilte, kam ein eisiger Wind auf, und das Thermometer fiel bis auf zehn Grad minus.

Der Mann, der da im Bett lag, war nicht mehr mein Vater. Ich sah nur noch welkes, blasses Fleisch, das ihm an den Knochen hing. Er litt an Magenkrebs und hatte lange, zu lange lieber unfassbare Schmerzen ertragen, als zum Arzt zu gehen. Ich war im Krieg, sagte er mir, da werde ich doch jetzt keine Schläuche schlucken. Als er sie dann schluckte, war es zu spät. Seine Hände über der blütenweißen Decke waren mit Gewalt gefaltet worden, weil die Totenstarre längst eingesetzt hatte. Ich saß neben dieser fremden Leiche und guckte stundenlang aus dem Fenster. Draußen glitzerte silbern der Vollmond, auf der Scheibe wuchsen zarte Eisblumen, und ich versuchte das Bild von meinem toten Vater aus dem Kopf zu bekommen. So wollte ich mich nicht an ihn erinnern, doch das Bild blieb.

Gegen Mitternacht verließ ich das Krankenhaus. Raureif hatte sich über die Stadt gelegt. Die Kristalle auf dem Boden blitzten wie kleine, verirrte Sterne, die vom Himmel gefallen waren. Wütend hackte ich mit den Stiefeln eine zugefrorene Pfütze auf. Wasser spritzte heraus, fauliger Dreck lief mir über die Hose. Ich war sehr wütend auf den da oben. Ich wollte nicht, dass mein Vater tot war, es gab noch so viel zu sagen.

DAS KÜHLE SPIEL DER SCHWERKRAFT

Die Lawine von Galtür und andere Katastrophen. Ich soll Tote zählen und mache meine Arbeit nicht. Später erfahre ich, wie wunderbar der Schnee auch trösten kann.

Unter einer Lawine sind Schneemassen zu verstehen, die bei raschem Absturz auf steilen Hängen, Gräben u. Ä. infolge der kinetischen Energie oder der von ihnen verursachten Luftdruckwelle oder durch ihre Ablagerung Gefahren oder Schäden verursachen können.

Österreichisches Forstgesetz

In Österreich erlebte ich meine erste Lawine. Das war der Augenblick, in dem ich am eigenen Körper spürte, dass Schnee mehr als nur gefrorenes Wasser ist. Es war an einem späten Nachmittag im März, ich war den ganzen Tag Ski gefahren und hatte gerade erst die Bretter abgeschnallt. Noch heute spüre ich die Angst, wenn ich darüber schreibe.

Es herrschte eine merkwürdige Stimmung, die müde und friedlich zugleich war. Ein breiter, frecher Schatten schlich sich über das Stubaital, während die schroffen Felsen der Elferspitze im Gold der sinkenden Sonne glänzten. Ich erinnere mich noch ganz genau, wie ein Kaninchen vor mir über das weiße Feld hoppelte, es trommelte mit seinen Pfoten kleine Löcher in den Schnee. Es wirkte sehr aufgeregt, vielleicht ahnte es ja, was gleich geschehen sollte.

Ich lächelte, erfreute mich an dem Tier und dachte an meine Großmutter. Sie hatte immer steif und fest behauptet, dass Kaninchen in der Kälte schrumpfen würden. Einfach so. Kinder, sagte sie sehr ernst, glaubt mir, im Winter werden sie kleiner, ohne auch nur irgendeinen Beweis für diese merkwürdige Behauptung anzutreten. Einmal lag eines an Weihnachten bei ihr auf dem Teller, und wir stocherten albern mit den Gabeln herum und taten so, als ob wir es nicht sähen, weil es so winzig war. Ist doch Winter, Oma, riefen wir, ich glaube, sie fand das damals gar nicht lustig.

Lächelnd sah ich dem Kaninchen nach, es schlug noch ein paar hastige Haken, bis es von einem kleinen Wald verschluckt wurde. Es war Zeit zu gehen, mein Bauch sehnte sich, wie jeden Abend, nach einem saftigen Schnitzel und einer großen Portion Kaiserschmarrn. Ich schulterte meine Skier, stapfte zur Straße und freute mich auf die dampfenden Töpfe unseres Gasthauses, als ich plötzlich hinter mir ein dumpfes Grollen hörte. Ich drehte mich um und schaute nach oben. Harmlose weiße Gischt. Das Grauen hatte ich mir ganz anders vorgestellt, aber es sollte nicht mehr lange auf sich warten lassen.

Plötzlich war alles grell, und das Licht schmerzte mir in den Augen. Es brannte so sehr, dass ich zuerst überhaupt nichts sah. Der leuchtende Berg blitzte mich böse an, als wollte er mich davon abhalten, hinter sein kleines Geheimnis zu kommen. Ich musste mir meine Skibrille von der Stirn herunterschieben, um etwas zu erkennen. Dann bemerkte ich den sanften Staub. Er rieselte schüchtern aus einer steilen Wand, löste sich kurz unterhalb des Gipfels und wirkte wie ein kleiner, verirrter Wasserfall, der nicht wusste, wie er sich am besten nach unten stürzen sollte. Ich staunte, wie viel Getöse so ein kleines Rinnsal machen konnte, es kam als grummelndes Echo bei mir an.

Mein Blick klebte ungläubig am Fels, ich war nicht fähig, auch nur einen Meter weiterzugehen. Ich erstarrte vor der Macht des Naturschauspiels, fast wirkte es, als wäre eine Wunde geplatzt, aus der Eiter floss.

Irgendwas sagte mir, dass ich jetzt schleunigst verschwinden sollte. Doch ich wollte, ich konnte einfach keine Gefahr sehen. Ich glotzte auf den friedlichen Beginn einer Lawine und wusste es nicht. Ein Junge aus der Stadt, für den früher schon Winter war, wenn er Eis in einem Zahnputzglas entdeckte. Ich schaute über meine Schulter. Ein alter Mann rief mir etwas von der Straße aus zu, ich achtete nicht auf ihn und wollte ihn auch nicht verstehen. Es war ein Einheimischer, der mir sicher irgendwelche knurrigen Flüche herüberschickte, er fuchtelte laut wetternd mit einem Stock herum, doch ich beachtete ihn nicht. Weil sich da oben die Bühne für ein dramatisches Stück Natur öffnete, das ich nie wieder vergessen sollte.

Ich befand mich in der ersten Reihe. Ein ängstlicher kleiner Gaffer, der den Mund vor Staunen aufsperrte, und dabei gab ich wohl eine ziemlich erbärmliche Figur ab. Mach zu, die Zähne werden kalt, hätte meine Großmutter sicher gerufen. Ich konnte einfach nicht glauben, was jetzt passierte. Hier stand ich, ein einigermaßen freundlicher Idiot aus Bottrop, dessen höchste Höhe lange Zeit die 10 Meter einer Autobahnbrücke Richtung Oberhausen gewesen waren. Der den Schnee sonst nur von Autodächern oder Ästen rutschen sah und nicht tonnenweise aus den tiefen Furchen eines Berges. Wie sollte ich begreifen, was da vor sich ging? Wie konnte ich wissen, dass sich gerade ein 2500 Meter großer Riese schüttelte, um sein lästiges Winterkleid loszuwerden?

Das Drama nahm seinen Lauf. Es begann sich Platz zu verschaffen für sein lausiges Spiel mit der Schwerkraft. Der Elfer stach aus einem gleißenden Nebel hervor, der stolz am Gipfel klebte, und ein Donner legte sich über die zarten Töne der Ouvertüre. Wollte man das da oben wirklich mit einem Konzert vergleichen, wurden jetzt bereits kräftig die Pauken geschlagen, während sich die Klänge der Bläser im Wind verloren. Aber die Lawine kümmerte sich einen Dreck darum, ob die Vorstellung gelang oder nicht und ob ich da unten überhaupt etwas verstand.

Es ging los. Aus dem Bächlein wurde ein Fluss aus schäbigem Schnee, ein fetter Wurm, der alles auffraß, was sich ihm in den Weg stellte. Ich konnte sehen, wie die Stahlmasten des Schleppliftes einknickten, von dem ich mich noch vor einer halben Stunde hatte ziehen lassen. Sie brachen wie Streichhölzer ein, verschwanden ohne Gegenwehr in einem hässlichen Schleim, herausgedrückt wie aus einer riesigen Zahnpastatube. Nichts konnte ihn aufhalten, nichts kümmerte ihn, und fast dachte ich, die Sonne grinste auch noch dazu. Der Wurm schlängelte sich weiter, er schien nur kurz zu überlegen, ob er es schaffen würde, sich über die Bäume eines steilen Waldes herzumachen.

Dann riss er sein Maul auf. Ich hörte das Bersten des Holzes, es klang wie morsche Knochen, die schmerzhaft knackten, und die letzten Instrumente dieses Naturschauspiels zersplitterten zwischen den Zähnen des hungrigen Monsters. Sein Brüllen hatte nichts mehr mit Musik zu tun.

Der alte Mann war längst weg. Das Dorf weit hinten duckte sich noch tiefer in das Tal, und jeder, der vorher auf Skiern stand, hatte sich schon beim ersten Säuseln des Schnees aus dem Staub gemacht. Nur ich, der blöde, winterverknallte Junge aus dem Ruhrpott, der die Berge und die Kälte so sehr liebte, wurzelte immer noch in stiller Andacht auf einem weiten, weißen Feld, wo im Sommer friedlich die Kühe grasten. Ich hatte vom langen Staunen einen steifen Nacken gekriegt und sah dem Wurm dabei zu, wie er breiter wurde und immer weiter auf mich zukroch. Ich warf meine Bretter auf die Schultern und lief um mein Leben.

Ich kam nicht weit. Schon vor dem Weidezaun stolperte ich in den klobigen Skischuhen, zog mich hastig hoch und riss mir am Stacheldraht die Hose auf. Nur rüber, dachte ich, weil ich den kalten Hauch des Ungetüms bereits in meinem Rücken spürte. Kristalle flirrten durch die Luft, sie waren die Vorboten einer Katastrophe, die sich hinter mir immer mehr Bahn brach. Ich zitterte, ich fror, ich heulte, als ich endlich die Straße erreichte und wie ein wild gewordener Ochse ins Dorf galoppierte. Ich schaute zurück, der Wurm durchbohrte gerade eine große Scheune und schob sie hämisch beiseite. Auch dieses Schmatzen höre ich oft noch bis heute.

Das Ungeheuer war jetzt fast unten, es leckte über den Hang, platzte krachend auf den Boden auf und breitete sich so wütend aus, als wollte es das ganze Tal verschlucken.

Die Erde bebte, ich konnte es beim Laufen unter mir fühlen und versuchte aus den Stiefeln zu schlüpfen, um auf Socken weiterzurennen. Aber mir blieb keine Zeit mehr dazu. Ich warf die Skier in den Straßengraben, von hinten zog mich ein beißender Wirbel an der Jacke. Es konnte nicht mehr lange dauern, bis mich das Scheusal schnappte. Bis mich sein praller, gut genährter Bauch unter sich begrub. Auf dem Asphalt schoben sich kleine Lefzen aus Schnee an mir vorbei, ich wusste, es hatte schon die kalte Zunge nach mir ausgestreckt. Ich wartete nur noch auf die Dunkelheit, darauf, dass die Welt über meinem Kopf zusammenbrach.

Dann wurde es schlagartig leise, das Monster hielt endlich sein Maul. Jemand hatte auf den Knopf gedrückt und einen schlechten Horrorfilm ausgeschaltet. Ich konnte diese Stille kaum glauben, kniete auf der Straße, rang nach Luft und wagte es nicht, mich umzudrehen. Schließlich tat ich es doch, weil ich zu neugierig war, denn von hinten schlich sich so eine komische Kälte an. Wie von einem Kühlschrank, dessen Türen weit offen standen.

Ich schaute mich um und blickte gegen eine schmutzige, etwa vier Meter hohe Wand. Holz steckte in ihr, Steine, Schlamm, Draht, Eisen, einfach alles, was der Wurm auf seinem Weg verschlungen hatte. Er hatte es mir verächtlich vor die Füße gekotzt.

Die Wand sah hässlich aus. Ich hatte Angst, mich zu bewegen, weil ich dachte, sie würde bei der geringsten Erschütterung über mir einstürzen. Aber sie blieb, wo sie war.

Hier und da fielen noch ein paar Stücke heraus, wie man es von kalbenden Eisbergen kennt. Sie schepperten auf die Straße, und ich kroch auf allen vieren immer weiter von ihr weg. Irgendwann richtete ich mich mühsam auf, ich fühlte mich wie ein Greis, dem alle Glieder wehtaten. Meine Beine schlotterten, der Atem ging schwer. Ich schlurfte über die Straße, als wäre ich über hundert und hätte soeben den Nordpol durchquert.

Die Angst lähmte mich beim Gehen, ständig drehte ich mich um, weil ich dem Ungeheuer nicht traute. Aber es lag noch immer vor dem Berg, der es so gleichgültig abgeworfen hatte. Mir kam es vor, als ob sein Maul grinste. Dann erreichte ich das Dorf.

Meine Eltern waren heilfroh, als sie mich sahen. Doch nach der ersten Freude schimpfte mein Vater heftig mit mir, am liebsten hätte er mir wohl vor lauter Sorge eine runtergehauen. Er hatte mich am Skihang überall gesucht, als er von der Lawine gehört hatte, und hielt mir später einen langen Vortrag über die große Kraft der Elemente. Als Bergmann kannte er sich mit dem Verschieben von Gesteinsschichten aus, und im Grunde, sagte er, verhält es sich beim Schnee nicht anders als in den Gruben der Zeche. Wenn die Spannung zu hoch ist und sie eben irgendwo hinmuss. Vor vielen Jahren hatte er es nur knapp aus seinem Bergwerk herausgeschafft, als ein Stollen unter der Last des Erdreichs zusammenbrach. Ich glaube, ein paar Kumpel von ihm waren dabei ums Leben gekommen. Er sprach niemals darüber.

Unsere Welt bewegt sich, sagte mein Vater, bevor er mich ins Bett schickte. Sie bewegt sich, damit sie nicht stirbt. Sie dreht sich durchs All, Vulkane spucken Feuer, Wellen heben und senken sich und klatschen an den Strand. Die Erde lebt. Warum sollte der Schnee da eine Ausnahme machen?

Ich sagte nichts, schlief schlecht und ging am nächsten Tag meine Skier suchen, das Ungeheuer hatte sie zum Glück nicht gefressen. Noch über zwei Wochen lag es meterhoch an der Straße. Es starb einen langsamen Tod, schmolz immer mehr dahin und wurde von den Autos achtlos mit Dreck bespritzt.

Nie zuvor hatte ich so viel Schnee gesehen.

Nur einmal noch, fast dreißig Jahre später, als ich am Arlberg eingeschneit war und sich die weiße Pracht so hoch türmte, dass kein Licht mehr durch die Fenster meiner Skihütte drang, sah ich ähnliche Massen. Der Schnee lag bis zu sieben Meter hoch, die Kälte hatte Schienen verbogen, und in der Nacht heulte der Sturm wie ein gerissenes Tier.

Ich wollte mich damals mit Schnee trösten, weil einer meiner Söhne an Krebs gestorben war. Der Schnee sollte meine Wunden in Watte packen, er sollte die Angst kühlen und die Schmerzen betäuben.

Es war ein strenger Winter im Jahr 1999, mein Sohn war im Januar gestorben, und ich wollte nur weg. Weg von der Trauer. Weg von dem Tod. Weg von diesem Scheißtumor, der uns ein vierjähriges Kind geraubt hatte. Zwei Jahre lang hatten wir mit ihm um sein Leben gekämpft, doch am Ende blieben nur Verzweiflung und die sinnlose Frage nach dem Warum. Aber der Krebs fragte nicht nach Gerechtigkeit und Liebe, er steckte als gefräßiger Klumpen im Körper unseres Jungen und nahm sich gierig, was er brauchte. Am Ende war es für uns alle eine Erlösung, die keiner begreifen konnte.

Der Winter sollte mich in seine kalten Arme nehmen und meine Wut dämpfen. Er sollte mir helfen, die Bilder aus dem Kopf auf Eis zu legen. Bilder von mutigen Kindern mit Glatze, die sich ihr Leben aus dem Leib würgten. Bilder von kleinen Helden in der Hölle, die sich bestimmt den Himmel verdient hatten. Ich musste im Krankenhaus viele Kinder sterben sehen und irgendwann meinen eigenen Sohn in den Sarg legen. Ich konnte nicht mehr schlafen, nicht essen, nicht denken. Nicht leben. Meine Familie ließ mich für ein paar Tage gehen, ich liebte sie sehr dafür. Keiner verstand, dass mich die Kälte trösten sollte.

Als ich Pettneu am Arlberg erreichte, tanzten bloß ein paar einsame Flocken vom Himmel. Sie sahen ein wenig verloren aus und legten zaghaft ihren Zucker auf die Berge. Alles wirkte so friedlich, so leise, so weiß. Ich war wie beseelt. Müde ging ich schlafen, aber ich ahnte nicht, wie wild der Tanz noch werden sollte. Er dauerte über eine Woche lang und wirbelte die ganze Gegend durcheinander. Die Menschen dort sagten, dass sie noch niemals so viel Schnee erlebt hätten.

Am Morgen trat ich vor die Tür und prallte gegen eine dichte weiße Wand. Trotzdem hatte ich das Gefühl, in einer feuchten Leere zu versinken, ich wusste nicht, woher der Schnee überhaupt wehte. Ich wusste nicht mehr, wo unten, oben, rechts und links war. Aus der Landschaft war eine riesige Waschmaschine geworden, und mir klatschte gerade mit voller Wucht ihr Inhalt entgegen.

Der Orkan biss mir eiskalt ins Gesicht, er rüttelte schlecht gelaunt an meiner Jacke, und ich schlich mich ängstlich zur Hütte zurück. Es stürmte so heftig, dass es mich von hinten packte und ich buchstäblich und krachend mit der Tür ins Haus fiel. Hinter mir winselte spöttisch der Wind, fast klang es so, als lachte er mich Feigling aus.

Ich streifte die Stiefel ab und setzte mich vor den Kamin. Die Socken dampften wie damals auf Mutters Backblech zufrieden am Feuer, und draußen wurde es immer dunkler, obwohl der Tag eben erst begonnen hatte. Ich machte das Licht an, es sollte danach eine kleine Ewigkeit nicht mehr richtig hell werden. Der Himmel senkte sich immer weiter auf die Berge, draußen ging die Welt unter, und ich war dabei. Saß in einer engen Hütte und kein Winter da, der mich tröstete. Mein Leben lief nicht gerade gut in diesen Tagen.

Zwei Jahre lang hatte ich heulend gegen weiße Wände im Krankenhaus geguckt, trotzig, wütend, ich habe nie die Stunden gezählt, wenn mich der Schlaf vergaß. Wenn ich versuchte, Jakob ins Vergessen zu streicheln, und die Schläuche laut schmatzend Gift in seine Adern pumpten. Es war eine schlimme, endgültige Zeit, und jetzt lag ich hier in dieser Hütte, und um mich herum war wieder alles weiß. Weißer, als selbst ich es ertragen konnte.

Am Tag konnte ich nur aus dem Fenster gucken und auf besseres Wetter hoffen, und nachts quälte ich mich in Träumen, in denen mir mein toter Sohn erschien. Einmal krabbelte er aus einem dunklen Loch heraus, wischte sich mit den Händen seine Glatze trocken und forderte mich auf, ihm zu folgen. Er grinste, die blauen Augen glänzten, dann gab er mir einen feuchten Kuss. Komm, Papa, flüsterte er, ist schön da unten. Da erkannte ich, es war sein Grab.

Ich schreckte auf, in einem See aus Schweiß. Der Traum brannte mir schwer im Hirn, ich glaubte in meiner Trauer zu ersticken, zog mich hastig an und floh in den dunklen Orkan. Es war saukalt, alles da draußen sagte mir, dass mich die Nacht nicht haben wollte. Einen schlecht angezogenen Kerl mit seiner Strickmütze bis über beide Ohren.

Aber ich stellte mich einfach mittenrein, um die Bilder meines Traumes in den Wind zu schießen. Sie sollten sich wegreißen von mir, bloß weg, mit dem Sturm davonfliegen und irgendwo so hart gegen Felswände prallen, dass sie platzten und für immer aus meinem Kopf verschwanden. Es gelang mir nicht wirklich, erschöpft legte ich mich zurück ins Bett. Nur die Mütze zog ich aus.

Mein Hauswirt Alois war über achtzig Jahre alt, ein rüstiger, netter Greis, der seine Bergziegen mit bloßen Händen erwürgen und aus dem Stand mit beiden Beinen auf den Tisch springen konnte. Er hatte in den Bergen gegen Partisanen gekämpft, er hatte bei bitterster Kälte mit triefender Uniform im Schützengraben gelegen. Ein harter Hund, der wusste, was Frieren heißt. Glaub mir, ich kenne den Teufel, sagte er und machte sofort ein Kreuzzeichen, als ihm bewusst wurde, wen er da gerade erwähnt hatte. Doch er erinnerte sich an keinen Winter wie diesen. *I werd narrisch,* seufzte er, wie man eben so seufzt in der Sprache der Berge.

Er hatte große Angst, dass sein Vieh im Stall verenden könnte, weil es so kalt war und die Versorgungswege des Dorfes mittlerweile nicht mehr zu befahren waren. Jede Stunde lief er hinaus, steckte den Kopf in die Waschmaschine und nahm sich einen kräftigen Schluck Obstler, wenn er wieder ehrfürchtig im warmen Herrgottswinkel saß. Er betete, er trank und betete, er sprach von der größten Katastrophe, die er je erlebt hatte. Irgendwann warf er die Schaufel fort, mit der er versucht hatte, den vielen Schnee zu bewältigen. Er hatte es aufgegeben, genauso gut hätte er in einer Wüste Sand fegen können.

Erst nach einer Woche nahm der Wahnsinn schließlich ein Ende. Der Himmel riss auf, als wäre nie etwas gewesen, und die Sonne grinste unschuldig auf die Berge. Es gab kein Leben mehr da draußen. Nur noch eine schwere weiße Decke, die alles unter sich erstickte. Ich stemmte mich mit Alois gegen die Tür, sie ging sehr mühsam auf und schob ächzend den Schnee zur Seite. Wir standen nur da, schwiegen, guckten, staunten. Ein alter Mann, der an eine Strafe Gottes glaubte, und ein

Junge aus Bottrop, der sich in einem Meer aus Watte wähnte. Ich ließ mich fallen und tauchte ins Vergessen ein, für das ich eigentlich gekommen war. Alois holte uns den Schnaps aus der Küche.

Dann klingelte das Telefon. Der *Stern* war dran, die Zeitschrift, für die ich bis heute immer mal wieder frei arbeite. Hast du schon gehört?, fragte mich der Redakteur, der wusste, dass ich in Österreich war. Nee, sagte ich, ich hatte keine Ahnung, was sonst noch so in der Welt geschehen war, denn seit Tagen hatte ich kein Netz. Der Sturm hatte es, wie so vieles hier, zerfetzt. Nach und nach erfuhr ich, was passiert war. In Galtür, nur ein Tal weiter, hatte eine Lawine eine tödliche Schneise durch das kleine Dorf geschlagen, über fünfzig Menschen wurden vermisst. Fahr doch mal hin, sagte der Redakteur, und ich schaute nach meinem Auto.

Ich konnte nur ahnen, wo es sich befand. Ich stapfte zu der Stelle, an der ich es vermutete, und schaufelte eine kleine sanfte Welle im weißen Meer weg. Darunter leuchtete es rot, ich hatte Glück. Nach einer Weile hatte ich das Auto ausgebuddelt, es wirkte so abweisend unwirklich, als hätte ich es vor einer Woche im Tiefkühlfach eines Eisschranks geparkt. Erstaunlicherweise sprang es nach gefühlten hundert Versuchen doch noch an, und der Auspuff qualmte so stark, dass Alois hinter mir einen Hustenanfall bekam.

Die Welt erwachte wieder, sie schüttelte sich unter ihrer Last. Überall schob man hastig das Chaos zur Seite, die meisten Straßen konnten jetzt mit Schneeketten befahren werden. Alois ging erst mal zum Supermarkt, um neuen Schnaps zu holen. Ich steckte mein Notizbuch in die Tasche und fuhr nach Galtür, für die vierzig Kilometer brauchte ich einen halben Tag. Ich fluchte, ich schimpfte, ich ekelte mich vor mir selbst, während ich krampfhaft versuchte, den Wagen auf dem Weg zu halten. Der *Stern* lockte mich mit Geld, um die Leichen zu zählen. Das Ressort, von dem ich den Auftrag erhalten hatte, nennt man unter Kollegen spöttisch *Witwenschüttler* und *Sargdeckelöffner.*

Ich hasste mich. Weil ich den Tod eigentlich vergessen wollte und ihn plötzlich gegen Bezahlung suchte. Weil meine Skrupel einfach so im Schnee versanken und aus dem trauernden Vater ein beliebiger Reporter wurde, der kaltblütig seine große Geschichte witterte.

Aber irgendwann gab ich es auf, mich selbst zu verfluchen, ich war zu müde für den Hass und froh, endlich in Galtür angekommen zu sein. Der Anblick war noch schlimmer, als ich erwartet hatte. Das kleine Dorf wirkte wie nach einem Bombenangriff, die Natur hatte Krieg gespielt, und die Menschen lagen erschöpft in den Schützengräben und leckten ihre Wunden. Eine Bombe war haarscharf an der Kirche vorbeigeschrammt, der liebe Gott hat sie stehen gelassen, sagte mir weinend eine alte Frau. Sie kannte es eigentlich gar nicht anders, als sechs Monate im Jahr Winter zu haben. *Ober des do, na, Herrgottsakra!*

Die Lawine breitete sich über vierhundert Meter aus und hatte mit ihrer unfassbaren Kraft zahlreiche Häuser zermalmt. Überall liefen Menschen herum, stachen mit langen Stangen hastig in den Boden, aber komisch, dieses Verderben hatte sogar etwas Friedliches, etwas, das einen bei aller Trauer tröstete. Das einen mit der Natur versöhnte, weil sie sich offensichtlich doch nicht alles gefallen lässt, wenn man ihr brutale Schneisen in die Wälder drischt, um dort Lifte oder Pisten zu bauen.

Als ich durchs Dorf lief, holte mich die Wirklichkeit des Sterbens wieder ein. 31 Menschen hatten ihr Leben gelassen. Erstickt, zerschmettert, erschlagen, beim Kochen am Herd, auf dem Sofa, beim Spielen im Kinderzimmer.

Einfach so. Als es dunkel wurde, als die Erde zitterte, war es für die Opfer längst zu spät gewesen. *Das weiße Grab von Galtür,* schrieben die Zeitungen. Später sollte ein Katastrophenforscher – ich wusste nicht einmal, dass es so etwas gibt – eine grausame Rechnung anstellen: Der Winter habe 240 000 Tonnen Schnee auf das hübsche Dörfchen geschüttet. Das sei so, als wenn sich 10 000 Lastwagen von ihrer Ladung befreit und sie über die Menschen ergossen hätten. Mit 300 Stundenkilometern sei die Bestie über sie hergefallen.

Ich sah Autos, die zerbeult auf dem Dach lagen. Ich sah verzweifelte Helfer, die sich mit Motorsägen durch betonharte Schneewände fraßen. Ich sah das Haus des Dorfarztes, in dem ich mal vor ein paar Jahren gewohnt hatte. Es war nur ganz knapp dem weißen Tod entkommen.

Kurz vor der Kirche blieb ich stehen, ich übergab mich an der Mauer des Friedhofes. Das Dorf roch nach Tod, nach Trauer, nach Erinnerung, Bilder meines Sohnes kamen hoch. Ich wollte nur noch weg. Scheiß auf den *Stern.* Scheiß auf das Geld. Ich würde mich selbst hassen, wenn ich auch nur eine Zeile darüber schriebe. Der Redakteur nannte mich verrückt. Du bist einer der wenigen, die im Tal sind, brüllte er durchs Telefon, mach gefälligst deinen Job!

Ich machte ihn nicht. Es fühlte sich gut an.

EIS KANN SINGEN

Mein blöder Sturz auf der Skischanze von Winterberg. Das Treffen mit dem großen, kleinen Helden Jens Weißflog. Er erzählt mir von dieser leisen Melodie, bei der für ihn die Angst verfliegt.

Dann war da ein Haufen Holz
und Schnee von ziemlicher Höhe,
den sie überspringen mussten.
Auf dem Boden aufkommend, machten
die Ski einen Patsch, den man
weithin hörte.

Cornelius de Jong, Skispringer, 1796

Endlich durfte ich mich wieder umdrehen. Eine Woche lang hatte ich auf dem Bauch gelegen, ich kannte auf dem Boden mittlerweile wirklich alles. Die alten Pflaster unter dem Bett, die Schutzkappen der Spritzen und die fiesen Schuppen meines Nachbarn auf dem nachtschwarzen Linoleum. Dabei versank mein Gesicht ständig in ein muffiges Kissen, das hartnäckig nach Krankheit roch. Mein Kopf hatte schon bessere Tage gesehen, so viel stand fest, und ich zählte die Stunden bis zur Erlösung.

Wenn ich nicht gerade auf den Boden starrte, spielte ich Skat. Ich konnte überhaupt keinen Skat, aber die zwei Jungs auf dem Zimmer entschlossen sich irgendwann, etwas gegen meinen jämmerlichen Anblick zu tun. Sie wollten nicht länger auf ein stöhnendes Häufchen Mensch von zwanzig Jahren gucken, aus dessen Allerwertestem ein blutgefüllter Plastikschlauch blubberte. Deshalb rückten sie mit Stuhl und Tisch heran und brachten mir geduldig bei, die Karten auf dem Bauch liegend in der Hand zu halten und das neue Spiel auch noch zu verstehen. Ich lag da, zockte und verlor. Aber die Zeit ging so viel schneller vorbei.

Ich war im Krankenhaus von Winterberg, und zum ersten Mal in meinem Leben hasste ich den Schnee.

Ein paar Tage vorher war ich mit meiner ersten festen Freundin übers Wochenende ins Sauerland gekommen. Sie fuhr ganz wunderbar Ski, und da ich damals altersbedingt gerade sehr testosterongesteuert war, dauerte es auch nicht lange, bis ich an einer abgesperrten Skischanze auf die schiefe Bahn geriet. Das ging so, wenn ich mich richtig erinnere.

Meine erste feste Freundin rief: Traust dich nicht!

Ich: Doch!

Sie: Nie!

Ich: Doch!

Und dann machte ich einen auf ziemlich dicke Hose und sprang 27 Meter.

Meine erste feste Freundin war beeindruckt. Ich steigerte mich, wurde mutiger und zischte über den krummen Buckel, der Weltrekord schien endgültig in Gefahr. Ich flog auf 30 Meter, dann auf 40 Meter und ein paar Zerquetschte, doch den spitzen Stein unten in der Spur bemerkte ich leider spät, zu spät. Ich ratschte mit dem Hintern über das scharfe Ding, weil mich die Schwerkraft in die Knie zwang. Der Sturz sah erbärmlich aus, hinter mir hörte ich meine erste feste Freundin hämisch lachen. Es war auch kein schönes Bild, wie ich da kauerte, hilflos, verdreht wie eine Marionette, der man die Schnüre durchtrennt hatte. Blut sickerte in den Schnee.

Ich hatte mir im Wortsinn den Arsch aufgerissen. Und meine erste feste Freundin, meine erste ernste Liebe? Flog für immer davon. Als ich nach zwei Wochen aus dem Krankenhaus entlassen wurde, wollte sie von mir, dem jungen Hüpfer, nichts mehr wissen. Ich dachte nur, ist doch gehopst wie gesprungen, und tröstete mich mit dem Gedanken, eine sehr seltene Narbe fürs Leben zu besitzen. Außerdem konnte ich jetzt Skat spielen.

Es sollte aber noch Jahre dauern, bis ich begriff, was es eigentlich heißt, mit Skiern über Schnee zu springen. Ich erlebte damals einen Moment, in dem ich ganz klein wurde und ein wenig auch den Mut und den Glauben an den Sport verlor. Der Wintermorgen war klar, kalt, der Frost biss mir ins Gesicht, als ich mit dem Skispringer Jens Weißflog auf der Fichtelbergschanze im Erzgebirge stand.

Vorher hatte ich mir noch, sprachlich völlig neben der Spur, mit klammen Fingern so saublöde Sätze wie *Sie standen an den Hängen und Pisten* in den Block geschrieben, aber dann dachte ich: Von wegen junger Hüpfer. Dieser zarte Zentner Mensch mochte zwar ein wenig verlegen wirken, als wäre ihm selbst das Schwitzen unangenehm. Doch als wir uns da oben zusammen auf den schmalen Balken setzten und ich sah, wie gleichgültig Jens Weißflog seine Beinchen über dem mulmigen Abgrund baumeln ließ, wurde aus dem Suppenhuhn so plötzlich ein Adler, dass mir nicht nur das Herz in die Hose rutschte. Ich wurde kleinlaut und wollte nur noch weg.

Jens Weißflog redete leise, sehr leise, er flüsterte beinahe liebevoll und spottete über sein kaputtes Knie. Von seiner Zeit aus der DDR, für die er gefälligst auch mit Schmerzen weit zu springen hatte, um die Genossen mit der Planerfüllung Wintersport zu erfreuen. Er sprach ruhig, gelassen, die Stille unserer Katharsis wurde nur vom Klappern meiner Zähne gestört. Oder war es das Schlottern meiner Beine?

Er erzählte geradeheraus, so geradeheraus wie diese schreckliche Spur da vor ihm. Über seine Kindheit im Schnee, über seine Liebe zum Winter. Über ein paar kalte Monate im Jahr, denen er seinen Erfolg zu verdanken hatte. Über seine 18 000 Sprünge, bei denen sein schmächtiger Körper so wunderschön fliegen konnte, bevor er zusammengestaucht wurde. Er war Weltmeister, Olympiasieger, er gewann mit 19 Jahren die Vierschanzentournee. Sehr zum Ruhme seines sozialistischen Landes und der Herren Funktionäre, die gern Sätze sagten, die den seelenlosen Dogmatismus ihres Handelns nur noch mehr unterstrichen. *Wir stellten eine schmerzfreie Verschieblichkeit der Kniescheibe fest,* befanden sie staatsstur. *Der Muskulatur müssen verstärkt Lockerungen zugeführt werden,* oder, um der Politik stets Vorrang gegenüber seiner Karriere zu geben: *Der Sport ist immer im Sinne der körperlichen Bereicherung für die Werktätigen der DDR zu sehen.*

Wir sprachen lange sehr ernst darüber. Er wirkte traurig, als er von den vielen Siegen schwärmte. Ich glaube, Jens Weißflog überforderte die selbstgerechte Perfidie seines sozialistischen Landes. Was er wollte, war doch so einfach. Er wollte Winter, er wollte Schnee. Er wollte nur springen. Mehr nicht, aber auch nicht weniger. Bald schon verschwand der Staat, doch seine Schmerzen blieben.

Als ich ihn traf, war davon nach außen nicht viel zu spüren. Seine Augen glänzten, während er mich mit seiner fast fiepsenden Stimme davon überzeugen wollte, dass Schnee singen könne. Das hatte er, sagte er mir, schon als kleiner Junge erlebt, wenn er sich am Idiotenhügel kleine Schanzen baute. Dort auf den abschüssigen Wiesen von Pöhla, hinter dem Haus seiner Eltern, schaufelte er sich sein eigenes Innsbruck, Garmisch oder Oberstdorf. Er schüttete, türmte und stampfte Schnee zu lustigen, schrägen Haufen zusammen, von denen er mit fünf Jahren schon zehn Meter weit sprang, und in jedem Winter kamen ein paar Meter dazu.

Jedes Mal hörte er diese Melodie. Er hörte sie unter den Brettern, das harsche, heisere Surren, wenn sie durch die Luft stachen. Diese Melodie nahm ihm alle Angst, sagte er, weil sie so heiter klang, so versöhnlich, er hörte sie sogar, als er von Schanzen sprang, die seine dünnen Beine wie Stöcke auf der Trommel wirbeln ließen. Ich habe es geliebt, sagte er, sehr geliebt. Geht's noch, Jens? Er lachte mich an, ja, stimmt, seine Kumpel hielten ihn damals schon für schrullig, merkwürdig, bekloppt, um es noch freundlich auszudrücken.

Er war der schüchterne Held aus dem Dorf. Jeder kannte hier jeden, Pöhla hat nur tausend Einwohner. Weißflog? Das ist doch dieser dürre Kerl, der bei jeder Schneeflocke gleich herausstürmte, weil er im tiefen, kalten Nass des Erzgebirges toben wollte. Schnee war sein Leben, und mit jedem Sprung schien er mehr aufzutauen.

Das schließlich war schon bemerkenswert für diesen schweigsamen Zwerg, der in der Schule gern gehänselt wurde, weil er stets kränklich wirkte und jedem Streit aus dem Weg ging. Lasst ihn, hieß es, und manche Zyniker meinten, dass er sein Hirn vielleicht auf Eis gelegt habe. Jeder andere in diesem kleinen Nest wartete sehnsüchtig auf den Sommer, doch für Jens Weißflog konnte der Winter nicht lange genug dauern. Heute sind die Leute aus Pöhla stolz darauf, dass aus ihrem kleinen Kaff einer der besten Skispringer der Welt kommt.

Einige Jahre später zog Jens Weißflog nach Oberwiesenthal und wurde zum öffentlichen Leitbild eines Sportes ernannt, der den ganzen Mann und wenig Geld erforderte, und so gesehen war er durchaus brauchbar für die Entwicklung eines grundguten Sozialismus. Er hatte zu spuren, sozusagen. So schwieg er still und sprang und sprang, einig mit sich und den gesellschaftlichen Gegebenheiten seines Landes. Doch für viele war er der staatsfromme Kuscher schlechthin, dem man die Scheu, die verlegene Beherrschung nur allzu oft als systemkonforme Anpassung auslegte.

Darauf hatte er oft nur eine Antwort. Er gab sie auch mir, drei Jahre nach der Wende, an jenem windigen, ehrlichen Nachmittag auf der Schanze am Fichtelberg. Ich habe meinem Land das zu verdanken, was ich heute bin, sagte er, ernst, stockend, und setzte sich gegen den Wind die Skibrille auf. Ich habe in diesem Land gesiegt, gelebt, gelitten, und deshalb kann ich es nicht einfach wegschmeißen wie eine verschlissene Hose. Er sagte das häufig in dieser Zeit der politischen Wirren, auch dann noch, als sich schon viele in scheinheiligen Entschuldigungen darüber wanden, warum sie denn beim hastigen

Umsturz ihres Staates nicht auf den Straßen gewesen waren und sich lieber in ihrem bürgerlichen Kleinmut versteckt hatten.

Das alles also lag auf den Schultern des hageren Mannes, als er dort saß und mir begeistert mit umflortem Blick vom Singen des Schnees erzählte. Der Schnee machte ihn leicht, nahm ihm die Last, die Schuld, nur wenn er schön singt, sagte er, weiß ich, dass ich weit springen werde. Ich schrieb. Ich gab mir Mühe, ihn zu verstehen. Ich konnte ihn nicht verstehen.

Er sprang, damit wir ein paar Fotos machen konnten. Er sang durch die Spur, doch für mich war es eine Melodie der Angst, der Ehrfurcht, und die Bilder von Winterberg kamen mir wieder in den Sinn. Dort hatte der Schnee nicht gesungen, er hatte geknirscht, gerauscht und mir so wehgetan, dass ich glaubte, seine Kälte wollte nach mir schnappen und mich für immer verschlucken. Jens Weißflog aber schaute eiskalt in die Schlucht, sprach von dieser Lust zu fliegen, diesem Drang in die Tiefe, und seine Augen brannten wie Feuer. Er blickte hinunter zu seinem Knie, und plötzlich rutschte ihm ein eiliger Fluch heraus, den ich bis heute nicht vergessen kann. Ich wusste nicht, sagte er, dass man Gelenke hassen kann.

Ich hatte nur noch einen Wunsch. Runter. Ganz langsam. Über die Treppe runter.

Lange war ich mit ihm die Steinstufen hochgestiegen, andächtig, neugierig auf einen Arbeitsplatz, der Schanze hieß. Je mehr wir den Wind schmeckten, je näher wir dem Himmel kamen, desto selbstbewusster wirkte das dürre Männchen in seiner dicken, schlecht sitzenden Springerkluft. Sein großer Helm saß ihm schief auf dem Kopf, irgendwie ähnelte er Don Quijote vor seinem Kampf mit den Windmühlenflügeln. Harter, hastiger Schnee schlug uns in die Gesichter, so als wollte er uns mit aller Macht daran hindern, in die Wolken zu klettern, die bleischwer über dem Fichtelberg hingen.

Dem Springer klebte der Winter im Gesicht. Manchmal schüttelte er sich, bis die Luft um ihn herum weiß wie Mehl staubte, und er stapfte so behutsam vor mir her, dass ich glaubte, er würde jeden Schritt in diesen Wahnsinn da oben genießen. Irgendwann hielt er, wir waren fast da, im verdreckten Treppenhaus des Turmes an. Er zeigte entrüstet, traurig fast, auf eine düstere Ecke, eng, stickig und doch so endgültig, weil schon von Weitem die helle Luke in den Abgrund sichtbar war.

Es roch nach Urin. Es stank aufdringlich nach Pisse, und Jens Weißflog wunderte sich schon sehr darüber, dass mich die Hinterlassenschaften interessierten. Sie waren fest gefroren, sie wuchsen wie ein gelber, spitzer Stalagmit der Angst empor. Hier ließen die Springer ihr Wasser, wenn ihnen vor der Tiefe die Blase drückte. Ich stellte mir diese würdelose Hilflosigkeit vor, seine Hose vor aller Augen öffnen zu müssen. Während die Schlange stumm wartender Männer immer weiter an den Abgrund rückte.

Zufrieden notierte ich mir ein paar hastige Gedanken, sie klangen wie: Sie pinkeln sich ihre Angst aus dem Leib. Aber eigentlich erinnerte mich dies nur an alte Tage, als ich den Skispringer Weißflog noch nicht kannte und ich meinen über alles verehrten Sport gern mal mit Schwulst und Pathos überdeckt hatte. Außerdem wagte ich mir gerade nicht auszumalen, was dort oben das Wort *Schiss* bewirken würde. Ich schmunzelte, weil ich an Lehrer Handke und an Bottrop dachte und seine wunderbare Mahnung, niemals gelben Schnee zu essen.

Hier war nirgendwo mehr weißer Schnee. Der Stalagmit würde erst im Frühjahr tauen und als Sud der Angst vom Turm tropfen. Bis dahin wies er jedem Springer seinen Weg in den Wahnsinn. Ich litt beim Anblick der befleckten Unschuld und schrieb: Auf den Schnee zu pinkeln ist, wie auf einen Picasso zu pissen. Ich wusste, dass ich übertrieb. Aber plötzlich wurde mir das Ganze hier heilig, ich wieder der kleine Junge vor dem Klofenster, der geduldig auf den Frost im Zahnputzbecher wartete.

Doch was nützte mir das jetzt? Dem kleinen Mann war meine Kindheit sicher egal. Er wirkte kühn, fast befreit von allem, was ihn auf der Erde fesselte. Irgendwo hatte ich gelesen, dass einem Norweger mit über zehn Metern der erste weite Sprung im Jahre 1884 gelungen war, worauf ihm begeistert entfahren sein soll: *Zu sehen, wie ein tüchtiger Skiläufer seine Luftsprünge aufführt, das ist eines der stolzesten Schauspiele, welches die Erde uns zu bieten vermag.*

Nur mal so, sagte ich. Er sollte wissen, wie wichtig ich ihn nahm.

Jens Weißflog sah mich an, selig, fast mitleidig, dieser liebe Zentner Mensch. Er wirkte trotz seines Mutes sehr befangen, sein Blick war stur auf das steile Grauen unter uns gerichtet. Ich weiß nicht, ob er auch nur eine Spur von Angst kannte. Er sprach in kurzen, nuschligen Sätzen, aber sein Körper strahlte still. Ich holte Luft und nahm mir vor, so lange zu kratzen, bis er irgendeine Regung zeigte, die für mich nachvollziehbar war.

Jetzt rast du in ein weißes Loch, sagte ich, ganz in der Gewohnheit, die Dinge gern zu übertreiben.

Wer Angst hat, geht erst gar nicht rauf, erwiderte er, so trocken wie der Schnee, den er sich gerade von den Stiefeln klopfte.

In Innsbruck fliegt ihr einem Friedhof entgegen, versuchte ich es noch einmal, mein Block war beängstigend leer.

Da denke ich nicht dran. Wenn du an so was denkst, solltest du lieber nicht springen.

Und wenn du dann aus dem Himmel fällst, presst dich die Schwerkraft in die Knie, sagte ich und erzählte ihm natürlich nicht von meiner Peinlichkeit in Winterberg.

Ach, das kann man alles üben, fiepste Weißflog und scharrte ungeduldig mit den Brettern. Er wollte springen, nicht reden.

Ich gab nicht auf. Aber in der Luft, fragte ich, hast du da keine Angst, dich beim Landen in den Schnee zu bohren?

Der Springer Weißflog schwieg, er presste seine Lippen zusammen, nur der eisig heulende Wind war zu hören.

Wie lebt es sich in einem Leben vor dem Abgrund? Es war mein letzter Versuch, irgendwelche Gefühle aus ihm herauszukitzeln.

Nach so vielen Sprüngen gewöhnst du dich daran, sagte er und schien ehrlich froh zu sein, als ich es aufgab, ihn noch länger mit der ihm völlig unverständlichen Fragerei zu quälen. Er grinste, schüchtern, die Wertschätzung schien ihm fast lästig. Ich klappte den Block zu, so kannte ich sie nicht, meine Sieger, vom Fußball, Skifahren oder Boxen.

Dann wollte er endlich auf die schiefe Bahn. Der hagere Adler lächelte, spuckte in den Schnee und breitete seine Schwingen aus. Ich habe niemals vorher, und auch nachher, einen Sportler erlebt, dessen Mut ich mehr bewunderte. Mir Großkotz aus dem Westen fror dabei mein oft sehr freches Maul ein, weil es vor Bewunderung offen stand. Jens Weißflog hielt kurz inne, dann kauerte er sich in die Hocke und entließ sich in das steile Grauen. Er wuchtete über den Schanzentisch und landete als schwarzer Punkt auf weißer Erde. Noch lange blieb ich oben stehen und sah ihm nach. Ich hatte den Schnee wirklich singen hören. Er kreischte, surrte und pfiff, und dann zischte er, als der Springer Jens Weißflog ins Tal segelte. Es klang wie ein Crescendo der Erleichterung, und ich spürte nur noch große Achtung für den kleinen Mann.

Ich verneigte mich vor ihm und stieg ganz langsam die Treppe hinab.

SCHNEE LEBT

Das zarte Flüstern des Tiefschnees und die Zerbrechlichkeit der Eiskristalle. Der ungleiche Kampf mit der Kristallisation und mein Drang, manchmal beim Schreiben über die Kälte abzudrehen.

Neuschnee

Flockenflaum zum ersten Mal zu prägen
mit des Schuhs geheimnisvoller Spur,
einen ersten schmalen Pfad zu schrägen
durch des Schneefelds jungfräuliche Flur –

kindisch ist und köstlich solch Beginnen,
wenn der Wald dir um die Stirne rauscht
oder mit bestrahlten Gletscherzinnen
deine Seele leuchtende Grüße tauscht.

Christian Morgenstern, Dichter

Sie stand in meinem Büro. Hübsch, schlank, ein freches Lächeln umspielte ihre Lippen. Doch ich wusste nicht, ob es bloß Spott darüber war, was sie da gerade in den Händen hielt. Sie wirkte fordernd und sah mich fast mitleidig an, als sie angestrengt in meinem Artikel blätterte. Auch schien sie ein wenig verloren. Aber weil sie in der Redaktion meine Vorgesetzte war, musste ich wenigstens so tun, als ginge ich auf ihre Zweifel ein. Ich schüttete ihr erst mal eine Tasse Kaffee ein, aber so leicht ließ sie sich nicht ablenken. Komisch bist du schon, sagte sie und raschelte mit den Blättern, so aufreizend heftig, als würde sie ein Hurrikan durchwühlen.

Ich hatte eine Geschichte über Tiefschnee geschrieben, aber sie hatte dafür nur ein gütiges Grinsen übrig. Sie sah mich hartnäckig an und sagte mir, dass Schnee für sie ungefähr so lästig wie Schlingpflanzen im Baggersee sei. Oder Matsch beim Einkaufen in der Fußgängerzone, kurz: Sie konnte mit dem Thema nichts anfangen. Ich fand ihre Beispiele eher krampfhaft herbeigeholt und fragte mich ernsthaft, ob ich ihre merkwürdige Wahrnehmung von Schnee wirklich zu meinem eigenen Problem erklären sollte.

Marina legte mir das Manuskript auf den Schreibtisch, nein, sie klatschte es nicht hin, aber ich sah die zahlreichen Anmerkungen, die sie mit dem Bleistift gemacht hatte, und ja, ich musste zugeben: Eigentlich hatte ich nur ihre Schmerzgrenze kennenlernen wollen. Sie hasste den Winter, sie verwünschte ihn sogar, trotzdem war sie auf so eine tröstende Art bemüht, mich einigermaßen zu verstehen.

Ich kannte ihre schlimme Kindheit, sie hatte mir von ihr erzählt. Als junge Göre war sie immer so lange im Haus geblieben, bis draußen der letzte Schnee geschmolzen war. Ich ekele mich vor dieser Pampe, sagte sie und verzog dabei den Mund, als müsste sie eine Flasche Essig trinken. Für mich klang das sehr defätistisch.

Mit heiterem Widerwillen hielt sie mir ein paar meiner schlimmsten Sätze vor. Okay, ich hatte wirklich ein wenig übertrieben, so viel war klar; man hätte sogar an manchen Stellen behaupten können, mein Hirn habe die Kälte nicht gut vertragen. So sehr war ich sprachlich neben der Spur. Schließlich schrieb ich von gleißenden Hängen, die wie ein ungemachtes Bett mit dicken Kissen vor mir lagen. Ich säuselte von weichem Schnee, der sich beim Skifahren bis in meinen Schritt schob, von rhythmischen Höhepunkten der Motorik, die mich jeden Schwung genießen ließen. Ich schrieb von harten Stoßseufzern, die genüsslich gegen die Felsen klatschten. Von weißer Gischt, die mir bis in den Kragen spritzte.

Mein Deutschlehrer, nein, nicht Herr Handke, hätte mir das früher sicher um die Ohren gehauen. Marina aber blieb ganz ruhig. Weißt du was, sagte sie, du siehst diesen feuchten Scheiß ja fast erotisch. Ich starrte sie an, ich schnappte nach Luft. Erotisch? Sie hatte mich eiskalt durchschaut, ich begann freiwillig, ein paar Stellen in meinem Artikel zu entschärfen.

Wir redeten lange, lachten und spielten albern mit den Buchstaben herum, und irgendwann gab es sogar einen kleinen Schuss in den Kaffee, obwohl es erst früher Nachmittag war. Aber ich blieb dabei, den Tiefschnee wie in den Träumen träumen zu wollen. Bis heute erlaube ich mir diese Lust, den blöden Drang, durch jungfräulichen Flausch zu pflügen, und keine Marina und keine noch so große Lawine aus dem Stubaital können mich davon abhalten, diese Freude mit jeder Faser meines Körpers zu erleben.

Sollten doch die Kollegen glauben, dass ich völlig verrückt und hilflos dem Kitsch verfallen war, wenn ich über Tiefschnee schrieb.

Ha, sollten sie doch!

Es ließ sich ohnehin nicht mehr ändern, vor über dreißig Jahren hatte es mich erwischt. Bergschulter vor und platt über die Piste? War nicht mehr. Ich fuhr abseits der Strecke, sanft, weich, weiß, ich stürzte mich in Wände und fiel sanft in die starken Arme der Natur. Allerdings war es keine Liebe auf den ersten Schwung.

Es begann an einem sonnigen Morgen auf der Corviglia in Sankt Moritz. Ich wollte Skilehrer werden und war in einem Alter, das mich unbesiegbar machte. Ich hieß Markus Wasmeier, mindestens. Weil ich so wunderbare Dinge wie parallele Ausgleichstechnik, Stemmbogen und taloffene Schwungeinleitung beherrschte. Doch jetzt stand ich mit wackligen Beinen in einem tief verschneiten Hang und schaute auf ein schlecht gemachtes Bett (sag ich doch) hinab. Das weiße Laken flatterte im Wind oder ruhte zerknittert über der steilen Abfahrt. Es half alles nichts. Ich musste durch den Tiefschnee, unten wartete mein Prüfer mit dem Fernglas in der Hand. Hastig sog ich Luft in meine Lungen und stieß mich ab. Dann gab es keine Ausreden mehr.

Ich taumelte in ein Meer aus kalter Watte, schwebte wie auf Wolken und fühlte mich leicht. Bottrop war ganz weit weg, Lehrer Handke sowieso. Über der Schneedecke rieselte windverwehter Zucker, die Welt war leise, ich schwelgte mich glücklich den Berg hinab. Bis ich meine erste ernsthafte Kurve machen sollte, wie mir der Prüfer von unten zubrüllte. Er brüllte es so laut, dass ich den Abgang einer Lawine befürchtete.

Es wurde höchste Zeit für mehr Stil. Also klotzte ich meine neunzig Kilo genussvoll in den Niederschlag, doch nichts passierte. Ich drückte die Bergschulter vor, schob die Fersen, stemmbogte beidbeinig und tat, was ich sonst noch alles gelernt hatte und im Lehrbuch stand: nichts.

Ich änderte die Reihenfolge meiner Bewegungen: wieder nichts. Der Schnee nahm meine überstürzten Schwungversuche nicht mal im Ansatz ernst. Stattdessen waren plötzlich die Skispitzen weg. Sosehr ich sie auch durch meine vom Angstschweiß beschlagene Brille suchte, sie blieben verschluckt. Gruben sich in den weißen Grund und tauchten trotz eines letzten, verzweifelten Fersenschubs meinerseits nicht wieder auf.

Na spitze, dachte ich. Aber ich kriegte den Bogen einfach nicht raus. Allerdings brauchte ich ihn jetzt, bitte schön, sofort, denn nicht weit von mir lauerte ein Abgrund, der meine Laufbahn als Skilehrer sehr frühzeitig beendet hätte. Die Zeit wurde knapp, und meine Spur verlief gefährlich gerade durch das weiße Nichts. Furcht packte mich, mir alles zu brechen, was nicht nur Nasenbein war. Ein ungleicher Kampf gegen die Kristallisation. Wie sollte das nur gut gehen?

Mein Körper bebte, ich schnaufte hörbar bis ins nächste Tal, überall stob glitzriger Puder auf. Er wirbelte flirrend im Licht der Sonne. Der Berg lag da, schön, verpackt, still, nur ich wuchtete mich fluchend ins Verderben. Weil sich die weiße Pracht, die plötzlich gar nicht mehr so prächtig war, bis in meine langen Unterhosen schlich. Sie drückte sich von allen Seiten heran und machte mit mir, was sie wollte. Sie wollte mich offenbar kaltstellen, sie schwappte gegen die Schienbeine, ich fühlte mich so hilflos wie auf einem Fahrrad, dessen Reifen nicht mehr aus den Straßenbahngleisen freikamen.

Der Sturz war würdelos, geradezu erbärmlich für einen, der anderen bald das Skifahren beibringen wollte. Er passte so gar nicht in die bezaubernde Landschaft. Ich beugte mich auf der Suche nach den Skiern zu weit nach vorn, dann überschlug ich mich, schwungvoll, brutal, jedenfalls ziemlich taloffen. Noch im Fallen beschwor ich den unverschämt blauen Himmel über mir, dass dieses grausame Knacken aus der Bindung stammen und nicht das Ende meiner Fußknöchel bedeuten möge.

Ich plumpste nach vorn, Hals über Kopf, Kopf über Hals, was weiß ich. Die anatomischen Einzelteile meines Körpers gerieten im Sturz völlig durcheinander. Wo war unten, wo oben? Ich ließ mich hilflos von der Schwerkraft erniedrigen, zog die Textilbremse, dass Lehrer Handke bestimmt seine Freude daran gehabt hätte, und landete erstaunlicherweise doch nicht im Abgrund. Dafür fiel ich jedoch dem Prüfer direkt vor die Skistiefel.

Er klopfte mir kräftig auf die Pudelmütze, Schnee fiel aus meinem Gesicht. Glatte Sechs, sagte er eiskalt, er war für seine Härte bekannt. Zumindest das Glatte an der Sechs konnte ich gut nachvollziehen. Er zeigte auf die Löcher im Hang, die meine sterbliche Hülle hinterlassen hatte, sie wirkten wie Granateinschläge in der sonst so friedlichen Gegend. Anschließend machte er mich nach sämtlichen Regeln der Skilehrerkunst fertig. Er sprach von der Angst, im Tiefschnee zu versinken, und faselte selbstgefällig, dass ich mich zu sehr an den Berg klammern würde.

Der Berg, mein Freund. Spiel mit ihm, sagte er, besieg ihn, bevor er dich zum Verlierer erklärt. Überliste die Schwerkraft. Ich spuckte den Schnee aus und verstand rein gar nichts mehr. Der Prüfer fuchtelte mit dem Skistock herum und kritzelte krumme, dumme Striche in den Hang. Nimm den direkten Weg nach unten, raunzte er, dann würde ich entlang der *Falllinie* (ja, so nannte er sie) im spitzen Winkel viel leichter die Kurve kratzen können, und überhaupt: der Rhythmus. Er ist es, der dich tanzen lässt. Denk dir die klobigen Schuhe weg und tanze. Tanze wie beim Schneewalzer, vergiss den Ruhrpott, den Matsch auf der Autobahnbrücke. Ich hatte ihm am Abend zuvor davon erzählt, aber jetzt, fand ich, klang das alles sehr abgedreht.

Trotzdem versuchte ich es. Immer und immer wieder, das Herz war heiß, doch ich kriegte ständig kalte Füße. Wie oft schmeckte ich den Schnee, wenn er mich verschluckte. Wie oft kroch ich am frühen Morgen aus den Federn, um die Leichtigkeit des frisch gefallenen Tiefschnees zu spüren, während im Tal noch der Nebel lauerte. Ich brauchte sehr lange, bis ich es spürte. Bis ich es schaffte, mich in diese stille Pracht zu graben. Aber irgendwann hatte ich den Dreh raus. Ich lehnte mich sanft nach hinten, um nicht wieder im weißen Schlamassel zu versinken, und bemerkte erleichtert, wie meine Skispitzen durch den Schnee stachen. Es war ein gutes Gefühl, sie wieder mal zu sehen. Fast war es so, als würde ein Ertrinkender an Land gespült werden.

Jetzt war es da, das Gespür für Schnee. Ich tanzte wie im Rausch, wedelte einigermaßen forsch in der Falllinie herum und verstand, dass ich mich dabei mehr vom Kopf als aus den Beinen steuern lassen musste. Die Angst blieb auf der Strecke, der Prüfer gab mir mit ernster Miene meinen Ausweis, ich hatte die Prüfung bestanden. Ich glaubte mich bei Frau Holle im Himmel und half ihr, die Kissen zu schütteln.

Der Tiefschnee hatte mich gepackt, wie gesagt, und von nun an wollte ich es weich. Wo es nur ging, mied ich Pisten, die so platt wie die Witze eines Skilehrers waren. Ich stürzte mich in jede steile Mutprobe und zeigte würdig Neigung, mit Hang zum Glück, bis meine Oberschenkel brannten. Ich fuhr wie entfesselt, die Furcht fiel mir aus den Klamotten, und ich bretterte in schräge Wände, die mit Namen wie *Wildsau, Totental* und *Höllenkar* nicht immer nur verlockend klangen. Aber sie alle boten die zarteste Versuchung, seit es Skifahren gibt: Tiefschnee.

Nur einmal, viel später, machte eine *Teufelsspitze* ihrem Namen wirklich alle Ehre und verschlang mich so sehr, dass ich fast zwei Stunden brauchte, um mich wieder auszubuddeln. Mein Handy war tot, aber ich lebte, den Brettern hatte ich sowieso den Rest gegeben. Humpelnd erreichte ich das Dorf, kurz bevor es dunkel wurde. Danach fuhr ich im Tiefschnee nie wieder ohne Lawinenpiepser, Schaufel und Rucksack, der bei Gefahr ein Luftkissen herausschießt und dich so gut wie möglich an der Oberfläche hält.

Ich dachte oft an meinen Prüfer von Sankt Moritz. Ihr müsst Freunde werden, hatte er gesagt, du und der Schnee, sonst würde das mit dem Geländefahren niemals klappen. Ich erklärte ihn damals für ziemlich bescheuert. Aber komisch, für einen wie mich, der danach oft zwei, drei Monate im Jahr auf Skiern stehen sollte, bewirkte dieser merkwürdige Vorschlag doch, dass ich mir tatsächlich ernsthafte Gedanken über diese wunderschönen Eiskristalle machte.

Ihr müsst Freunde sein, verstehst du, Freunde. Ich habe die Worte des Prüfers nie mehr vergessen. Aber ich fragte mich auch: Wie kann man etwas mögen, das es nur deshalb gibt, weil sich in den Wolken feine Tröpfchen an unterkühltes Wasser lagern und dort zu Schnee gefrieren? Ich lächelte, ich dachte daran, wie ich als kleiner Junge die Flocken mit der Zunge eingefangen und glücklich verschluckt hatte. Ich musste doch wissen, warum.

Ich wusste aber auch, Schnee fällt, Schnee schmilzt. Schnee geht, Schnee kommt, mehr war zu diesen strengen Launen der Natur eigentlich nicht zu sagen. Bis ich Martin Schneebeli kennenlernte.

Er hieß wirklich so und arbeitete am Institut für Schneeforschung in Davos. Er war ein Wissenschaftler, der die Sache mit dem Winter ziemlich pragmatisch sah. Doch seine Leidenschaft für ihn klang immer wieder durch, wenn er mit mir über die hexagonale Struktur der Schneedeckenmächtigkeit oder die Bindungsenergie der Wassermoleküle sprach. Ich verstand weniger als nichts, als er mir das diametrale Verhalten der Taupunktregel und die Folgen einer Frostverwitterung erklären wollte.

Doch bei allem, was er sagte und wie er es sagte, spürte ich, einen Verbündeten gefunden zu haben, der wie ich die Kälte liebte. Aufrichtig, rückhaltlos, und, ja: Er hatte es sogar zu seinem Beruf gemacht, ihr richtig auf den Grund zu gehen. Herr Schneebeli hatte schon ein paar Winter in der Antarktis verbracht, er kannte das Gefühl, wenn es ein halbes Jahr lang nicht hell wird und einem beim Luftholen mit brennendem Schmerz der Atem gefriert.

Der gute Mann wusste, wovon er redet, wenn er über Schnee philosophiert. Er verstand ihn wie kaum ein anderer, weil er mit einem Penetrometer tiefe Löcher in ihn bohrte, um die Kraft zu messen, mit der die Kristalle gebrochen werden können. So sei es ihm möglich, erzählte er mir, die Haltbarkeit der Schichten abzulesen und besser vor Lawinen zu warnen. Er legte den Schnee sogar in Kältekammern unter ein Mikroskop, um sechsarmige Dendriten zu entdecken und das Verhalten der Kristalle zu studieren.

Er beobachtete, wie aus Wasser kleine Kunstwerke werden, die wir Schneeflocken nennen. Jede von ihnen ist an ihrem kalten Anfang sechseckig, sagte er fast ehrfürchtig, dann würden die Tröpfchen an Staubteilen gefrieren und aus dem Himmel fallen, wenn sie irgendwann schwer genug sind. Das hatte mit Chemie zu tun, so viel war klar, aber ich brauchte ein wenig, es zu verstehen, weil ich in der Schule in diesem Fach nur deshalb eine schwache Vier bekommen hatte, weil ich mit meiner schönen Schrift für alle lesbare Formeln an die Tafel malen konnte, die ich selbst nicht verstand.

Herr Schneebeli aber gab sich große Mühe, er sprach ganz langsam und für einen Schweizer angestrengt deutlich, als hätte er es bei mir mit einem Idioten zu tun, dem die Naturwissenschaft so fremd ist wie einem Pinguin die Wüste. Er erklärte mir geduldig den Winter, den Schnee, die Kälte, das Eis. Seltsamerweise, fuhr er ungerührt fort, heizen sich Kristalle beim Wachsen auf und geben die Wärme beim Gefrieren gleich wieder ab. Sie schmelzen dann wieder, und hier und da bricht ihnen dann ein Zacken aus der Krone, sozusagen. Wie es wohl eher so ein lausiger Chemieschüler wie ich ausdrücken würde.

Zur gleichen Zeit war ich damals gerade auf ein Buch gestoßen, das mir den Schnee der Eskimos näherbrachte. Menschen, für die er zum Alltag gehört, die mit ihm kochen, in ihm sterben, fischen, sich lieben, sich streiten und ihre Kinder gebären. Es war sehr eindringlich geschrieben, und die ehrlichen, drastischen Bilder brannten sich mir für immer ins Hirn. Aber doch klangen einige Stellen so herrlich weltentrückt, als wären sie das Ergebnis einer poetischen Kopfgeburt. *Qiqumaaq* heißt bei ihnen der Schnee, dessen Oberfläche gefroren ist, *katakatanaq* die harte Kruste, die unter den Füßen nachgibt, und *maujaq* die weiße Pracht, die sich weich über den Boden ausbreitet.

Damals beschloss ich, dass diese Wörter auf *Inuktitut* irgendwie beschaulicher klingen als Harsch, Pappschnee oder Matsch, versöhnlicher als Reif, Firn, Sulz und Wechte. Nur ein Wort haben wir wohl in unserer Sprache, das andere Völker nicht besitzen: Aper heißt es, wenn nirgendwo Schnee liegt.

Doch mit dem größten Zartgefühl wusste mir immer noch Herr Schneebeli von den verschiedenen Zuständen des Schnees zu erzählen, ich hörte ihm andächtig zu und notierte mir alles ganz genau. Es hätte Stunden dauern können, so sehr klebte ich ihm an den Lippen, als er über die Zerbrechlichkeit des Winters sprach.

Auch redeten wir später, als wir genug und ausgiebig verliebt über den Winter geschwärmt hatten, lange darüber, wie Schnee der Welt zur Last werden kann, wenn zu viel davon vom Himmel fällt. Ich erzählte ihm von Galtür und wie ich den Tod gerochen hatte und von den vielen traurigen Menschen dort, die mit bloßen Händen ihre Nachbarn ausgegraben hatten; und dann redeten wir über die Gründlichkeit von Ländern, die so gründlich sind, dass sie dir sogar den Druck, den der Schnee auf irgendwelche Hausdächer ausübt, berechnen können. Aber wieder merkte ich, dass Herr Schneebeli lieber über die Schönheit der Kristalle nachdachte. Wir waren uns sehr ähnlich, doch die Sache ließ mir keine Ruhe.

Irgendwann entdeckte ich die entsprechende Formel, die ich wunderbar verwirrend fand. Meine Note in Physik war genauso schlecht wie in Chemie, diese Berechnung jedoch war für mich fast schon poetisch und wie eine mathematische Begründung für diese schönen, schlimmen Bilder, die ich seit langer Zeit mit dem Schnee verband. Es war klar, ich wollte das alles gar nicht begreifen, und ich beschloss, mir dieses komische Gefüge aus Zahlen und Wörtern aufzuschreiben, einfach so, und doch mit größter Überzeugung.

$s_k = 0{,}31 + 2{,}91 \text{ x } ((A+140)/760)^2$
Schneelast: $\geq 1{,}10 \text{ kN/m}^2$

Aber wie gesagt, Herr Schneebeli dachte lieber über die Schönheit der Kristalle nach. All die Weisheiten und Erkenntnisse, die ich ihm und vielen anderen verdanke, klemmte ich später in ein paar sperrige Sätze. Bis heute hat das Büchlein einen wichtigen Platz in meinem Regal, und auf dem Umschlag prangt eine große weiße Flocke, die ich beim Zeichnen lächeln ließ. *Schnee lebt!,* steht daneben. Manchmal blättere ich gedankenverloren darin herum, und mein Respekt vor diesem winzigen weißen Wunder, das zu jeder Zeit irgendwo auf die Erde fällt, wächst dann umso mehr.

Keine Schneeflocke ist wie die andere, über 5000 verschiedene Formen wurden bisher registriert. Die größte jemals entdeckte Flocke hatte einen Durchmesser von 38 Zentimetern.

Bei Neuschnee haben die Eiskristalle spitze Zacken. Je wärmer es wird, desto runder werden sie und können sich nur schlecht verzahnen. Sie verklumpen zu einer schweren Masse, die Gefahr einer Lawine in den Bergen wächst.

Wenn es schneit, fällt der Schnee sehr langsam zur Erde. Es kann bis zu fünf Stunden dauern, bis eine Flocke nach ihrer Entstehung auf dem Boden ankommt. Im Sommer würde sie ab einer Höhe von 3000 Metern schmelzen.

Die Kristalle verändern sich ständig und sind stets in Bewegung, weil sie sich immer nahe am Schmelzpunkt befinden und Wasser im Vergleich zu anderen Stoffen einen hohen Dampfdruck besitzt. Schnee lebt, aber er wird schnell alt und gebrechlich. Das macht ihn so gefährlich.

Um Naturkatastrophen zu vermeiden, müssen die Forscher schwächere von stärkeren Schichten unterscheiden, um vorherzusagen, wo Ablagerungen wegbrechen könnten und vielleicht eine Lawine ausgelöst werden könnte.

Schnee ist eine poröse Mischung aus Luft und Eis, es gibt mittlerweile technische Möglichkeiten, die Härte und Korngröße des Schnees mithilfe von Infrarotkameras bis in den Mikrometerbereich zu bestimmen.

Am Vulkan Mount Rainier im US-Bundesstaat Washington fallen jeden Winter durchschnittlich 17 Meter Schnee. 1972 wurde dort mit 28,5 Metern die höchste Schneedecke der Welt gemessen.

Es gibt vier Zustände von Schnee. Pulver ist gerade frisch gefallen und nicht älter als drei Tage, die Kristalle sind fein verzweigt und haben Zacken. Altschnee liegt schon länger als eine halbe Woche, durch Wärme und Druck sind die Kristalle abgerundeter. Harsch entsteht aus dem Wechsel von Schmelzen und Gefrieren, an der Oberfläche bildet sich eine dünne Eisschicht. Firn kann bis zu einem Jahr alt sein, die Kristalle sind zu kleinen Brocken aus Eis verschmolzen.

Das alles erzählte mir Martin Schneebeli, und plötzlich, ich weiß es noch genau, flüsterte er, als er mit zittriger Begeisterung von der fragilen Geometrie der Eiskristalle schwärmte. Nie, sagte er mir, nie habe es seit Bestehen der Welt zwei Flocken gegeben, die völlig gleich gewesen seien. Ich hörte ihn kaum, so leise sprach er, als wollte er mir ein Geheimnis verraten, und letztlich war es ja auch so. Natürlich wusste er auch sofort, warum kein Kristall dem anderen ähneln kann. Weil jedes der vielen Billionen beim langen Weg auf die Erde einer eigenen Metamorphose unterworfen ist und sich je nach Temperatur, Druckluft und Wind zur Einzigartigkeit formt.

Verstehen Sie?, fragte er, und ja, nickte ich, ja, eifrig, hastig, ich verstehe, er sollte nicht ahnen, dass ich log. Ich hatte keine Ahnung, was er meinte. Ich schmolz einfach nur dahin.

Seit unseren Gesprächen pflüge ich mit der einigermaßen gesicherten Erkenntnis durch den Tiefschnee, dass er eine Dichte von ungefähr 60 Kilo pro Kubikmeter hat. Ich weiß jetzt auch im Ansatz, warum seine Kristalle in der Luft sublimiert werden und dass er deshalb so locker flockig wie Puderzucker ist. Doch leider hilft mir dieses Wissen nicht weiter, wenn mich so ein wilder weißer Riese bei einer Abfahrt wieder mal abgeschüttelt hat.

Dann ist nämlich alles wie immer, wie bei jedem Sturz, dieser letzte Berg am Nachmittag hat dich geschafft. Du kratzt dir den Schnee aus dem Kragen, klopfst dir deine Lust ab, weil dich der Winter so rücksichtslos beleidigt hat. Du stehst da, bibberst vor Kälte, und der Skitag dampft dir aus den Klamotten. Hose nass, Füße feucht, unterm Handschuh klamme Finger, und du denkst: Also doch, Marina, Schnee ist nur gefrorenes Wasser.

KLEINE TRÄNEN IM FROST

Meine Zeit als Skilehrer und die Vermittlung der Bergskientlastung bei der vertikalen Schwungeinleitung. Ich darf aber auch Mensch sein. Ein kleiner Junge fürchtet sich vor Schnee und lernt durch mich den Winter lieben.

Lied vom Schnee

…

Dies ist mein letzter Winter.
Diesmal muss er es sein,
das spüre ich.
Ich zieh mich aus,
gehöre ihm.

Ich leg mich in den Schnee.
Nichts tut mehr weh.

Alles um mich herum
wird still und stumm.

Ich lieg einfach da.
Und werde selbst polar.
Und wer immer mir das Leben gab,
ich schenke es dem Schnee
in dieser Nacht.

Lass ihn mich verwehen.

Schrottgrenze, Musikband

Jetzt war ich also Skilehrer. Jetzt hatte ich mich ein paar feuchte Wochen lang durch den Schnee gewuchtet, um die Sanftheit dieses wunderbaren Niederschlags zu fühlen, der uns einfach aus dem Himmel vor die Füße fällt. Aber ich wusste auch, ich war ein wenig verblendet, um es noch vorsichtig auszudrücken, was sicher nicht nur die starke Sonne des Engadins bewirkt hatte. Ich sprach von heißer Lust, an kalter Watte zu lecken, und von anderen, sprachlich äußerst bedenklich verdrehten Dingen, die kaum einer nachvollziehen konnte, der am liebsten in der Badehose mit einem Eis in der Hand auf der warmen Wiese lag.

Die Sache war eigentlich klar, ich hatte, so viel stand fest, ein paar bleibende Schäden davongetragen. Ich war verliebt in den Winter, und es gab keine Rettung mehr. Allerdings wurde es höchste Zeit, auch andere von der Reinheit unserer Welt durch das Fallen von Schnee zu überzeugen.

Doch das Unternehmen gestaltete sich nicht ganz einfach; schwerer jedenfalls, als ich es mir in meinem kleinen, netten Winterwahn gedacht hatte. Weil ich gleich beim ersten Mal eine ziemlich störrische Realschulklasse auf einer Skifreizeit erwischte, die nicht im Traum daran dachte, diesem aufgeregten Kerl da vorn auf seinen Brettern zu folgen, während er ständig von bergskientlastender Schwungeinleitung schwadronierte und den geburtswarmen Pubertanten die bezaubernde Schlichtheit der oberallgäuischen Landschaft im Winter zu erklären versuchte.

Bestimmt zeigten sie hinter meinem Rücken mit Fingern in dicken Handschuhen auf mich, vielleicht machten sie auch noch andere Gesten, um mir ihre Verachtung mitzuteilen. Ich wollte es nicht wissen.

Es hätte aber sicher nicht viel gefehlt, und ich hätte sogar meinen guten alten Hubert Handke zitiert, der uns als Lehrer für Heimatkunde die kühle Jahreszeit gern ernst und wissenschaftlich näherbrachte: Der Winter, sagte er, ist die Zeit zwischen dem Stand der Sonne im tiefsten Punkt der Ekliptik und dem nächsten Äquinoktium. Na toll, hatten wir damals koedukativ gestöhnt, was haben wir davon, wenn es draußen junge Hunde und Katzen regnet?

So hätte bestimmt auch meine Realschulklasse reagiert, der ich als ewiger Sportstudent in den Ferien das Skifahren beibringen sollte. Dabei hatte ich ihnen die schönste Geschichte über Lehrer Handke, er hat mich wohl doch sehr geprägt, noch erspart. Denn immer wenn es draußen kalt wurde, trug er Russenkappe, Springerstiefel und Tarnanzüge und brüllte so brutal über den Schulhof, dass seine drastische Dialektik bis in die letzten Winkel meiner kindlichen Seele drang. Er hatte dann große Ähnlichkeit mit Gurbanguly Mälikgulyýewiç Berdimuhamedow, dem heutigen Präsidenten von Turkmenistan.

Aber da lag eben auch diese riesige Schokolade auf seinem Pult. Ein Kilo, mindestens. So eine aus Holland, mit der man ausgewachsene Kühe erschlagen könnte. Die Tafel lag oft bis zum ersten Schnee dort, bis sich der erste Frost übers Ruhrgebiet beugte, und für mich war es regelmäßig die süßeste Versuchung, seit es Winter gibt.

Der harte Hund Handke hatte sie nämlich für denjenigen seiner Zöglinge ausgelobt, der im tiefsten Punkt der Ekliptik noch bei Schnee in kurzen Hosen auf dem Rad zur Schule kam. Nicht ohne Stolz darf ich an dieser Stelle betonen, dass ich sehr häufig das Rennen für mich entschied, während sich meine schlotternden Beine mit zartem Raureif überzogen. Meine Mutter hasste ihn dafür. Aus Trotz schrieb sie haufenweise Entschuldigungen, teilte darin lakonisch mit, dass ich nur wegen ihm im Sterben läge, und stopfte mich zur Strafe mit Nutellabroten voll.

Ich lächelte in der Erinnerung, gleich schmeckte mein Mund wieder nach Schokolade. Aber was nutzte es mir, dass ich so wehrhaft dem Winter getrotzt hatte, um als besorgniserregend schlechter Schüler auch mal einen winzigen Erfolg zu erzielen? Die Realschulklasse ließ sich davon jedenfalls nicht beeindrucken. Sie war eher sehr konzentriert damit beschäftigt, die Unterschiede zwischen den Geschlechtern besser kennenzulernen und fantasievoll alkoholisierte Getränke in die Jugendherberge von Oberstdorf zu schmuggeln.

Für sie galt das heimliche Gebot, die kurzzeitige Befreiung von den Eltern unter besonderer Berücksichtigung ihrer frisch entfachten Triebe zu feiern. Jeden Abend schaute ich in die Regenrinne und entdeckte dort Flaschen mit Apfelkorn, die sich die einfallsreiche Schülerschaft zwischen ihren Dachfenstern von einem Zimmer zum anderen geschoben hatte. Manchmal verschlug es mich auch in den Skikeller, um irgendwelche Paare davon abzuhalten, die Geheimnisse ihrer unterschiedlichen Fortpflanzungsorgane noch sorgfältiger zu erforschen. Ich hatte zwar kurz vorher im Studium einen Kurs in Erster Hilfe belegt, doch einem völlig bezechten Heranwachsenden so lange den Gaumen zu kitzeln, bis er seinen Fusel wieder von sich gab, hatte ich nicht gelernt. Ich lernte es.

Es lief nicht gerade nach Plan. Es lief nicht so, wie ich mir das Unternehmen Winter vorgestellt hatte, daran konnte auch die altersmäßig sehr aufgeschlossene Englischlehrerin nichts ändern, die mich beim Bändigen der jungen Meute tatkräftig unterstützte und den Herrn Kollegen heimlich in sehr spezieller Menschenkunde unterrichtete, wenn es in der Jugendherberge endlich ruhig war. Jeder Skilehrer hat da ja einen nachhaltigen Ruf zu verteidigen.

Ein paar Tage danach ging mir dann wirklich mein Bottroper Herz auf. Ich hatte einen schüchternen Jungen entdeckt, er sah traurig aus und hieß Adi, was ich schon sehr lustig fand für ein Kind, das vor ein paar Jahren aus Nigeria nach Deutschland gekommen war. Später erfuhr ich, dass sein richtiger Name Adamma war, was in seiner Landessprache *schöner Knabe* bedeutet – und schön war er tatsächlich. Er hatte große Augen, sie lachten, wenn er sie rollen ließ, und seine bedachten, sanften Bewegungen erinnerten mich an ein Raubtier, das kurz vor dem Sprung auf seine Beute war.

Adi hatte das erste schwarze Gesicht, in das ich blickte, obwohl ich damals schon deutlich über zwanzig Jahre alt war. Afrika kam in meiner Generation eigentlich nicht vor. Höchstens einige Gastarbeiter aus Spanien und Italien, die mein Vater mit seinem großen Herzen manchmal von der Zeche mit zum Essen schleppte. Aber Schwarze? Die kannte ich nur als trommelnde Wilde aus schlechten Filmen, die mit einem Knochen durch die Nase ums Lagerfeuer tanzten.

Wir sammelten für arme Menschen in der Kirche, kannten die aufgeblähten Hungerbäuche der Babys in der Sahelzone, die Dürre, den Tod, und in meinem Kindergarten stand der kitschige Tonkopf eines Mohren, der glücklich wackelte, wenn man ihn durch einen Schlitz im Turban mit Geld fütterte. Unsere Väter sagten noch ungestraft *Nigger,* und wir Kinder aßen genüsslich *Negerköpfe,* die wir zwischen die zwei Hälften eines Milchbrötchens quetschten. Ich erinnere mich noch, wie mir eine junge Lehrerin in der Volksschule jedes Mal ein schlechtes Gewissen einzureden versuchte, wenn wir unsere angeknabberten Pausenbrote in den Müll warfen. Denkt an Biafra, sagte sie, die haben nichts zu essen, und irgendwann entgegnete ich ihr, staunend über meine eigene, fast gleichgültige Frechheit: Frau Würz, ich kann das Brot doch nicht bis nach Biafra werfen.

Als ich in der Jugendherberge meine Runde machte, hörte ich, wie Adi stumpf in seine Kissen schluchzte. Ich setzte mich zu ihm auf die Bettkante, streichelte ihm über seine krausen Haare, und zusammen schwiegen wir, während auf den Fluren mal wieder die Hölle losbrach. Es herrschte ein Lärm wie beim Start eines Flugzeugs. Doch uns war es egal. Zuerst glaubte ich, dass Adi wegen des fiesen Streiches in der letzten Nacht heulte, da hatten ihm einige Mitschüler, wie lustig, Zahnpasta auf die Stirn geschmiert, um den kleinen schwarzen Kerl weiß zu machen. Aber als ich ihn danach fragte, schüttelte er den Kopf.

Angst, ich habe Angst, sagte er, vor dem Schnee. Er hatte in seinem ganzen Leben noch keinen gesehen.

Ich stutzte. Es war meine Gelegenheit, nun war ich gefragt. Plötzlich fühlte ich mich wie ein Missionar, der einen jungen, betrübten Menschen, der früher im heißen Staub die Ziegen der Familie gehütet hatte, zur Kälte bekehren wollte. Adi hatte erst zwei Winter in Deutschland erlebt, die keine Winter gewesen waren, und seine Mutter hatte lange gezögert, ihn auf eine Skifreizeit ins Allgäu zu schicken. Er war auch völlig falsch gekleidet, hatte keine wasserfesten Jacken und Hosen dabei, und es hätte mich nicht gewundert, wenn sie ihm auch noch Strandlatschen eingepackt hätte. Adamma war in den letzten Tagen vor allem dadurch aufgefallen, dass er sich jeden Morgen krankgemeldet hatte.

Wir schwiegen, draußen heulte der Wind, irgendwo knarrte schlecht gelaunt das Holz im Dach, weil es sich gegen das Wetter wehren musste. Um uns herum kam das Haus langsam zur Ruhe, die Jungs neben ihm in den Betten schliefen schon, doch Adi weinte noch immer. Da kam mir eine Idee. Ich bat ihn flüsternd, sich seinen dicksten Pullover anzuziehen, der leider nicht sehr dick war, und schlich mit ihm die Treppe hinunter. Wenig später standen wir im Schnee.

Sanft bat ich ihn, sich in den festen Frost zu knien. Er folgte vorsichtig, unwillig, sein Mund verzog sich angewidert, als hätte er gerade auf eine Zitrone gebissen. Es war bitterkalt, die Nacht knirschte unter unseren Füßen, und als wir uns dort so auf die Knie fallen ließen und den Rücken streckten, sahen wir vermutlich wie zwei Gläubige aus, die in der Kirchenbank andächtig auf den Altar starrten. Irgendwo da vorn wurde die Messe der Natur gelesen. Es muss ein merkwürdiger Anblick gewesen sein.

Adi klapperte vor Kälte, ich schwieg, ich wollte diesen Augenblick einfach nur auf uns wirken lassen und wartete, was passieren würde. Gemeinsam schauten wir in den gelben Mond, der faul über die Berge kroch und freundlich zu uns herübergrinste. Ich spürte, wie sich Adi neben mir entspannte. Er sackte zusammen. Seine Brust senkte sich, dem Ekel ging scheinbar die Luft aus. Ich glaube, er lächelte jetzt mit dem Mond, ich glaube, fast hatte ich mein Ziel erreicht.

Ich grub mit meinen Händen im Schnee. Er war am Nachmittag frisch gefallen, er glitzerte und strahlte, er machte die Nacht heller, als sie eigentlich war. Dann hielt ich Adi den kalten Zucker hin und forderte den kleinen Kerl auf, ihn sich auf die Zunge zu legen. Er zögerte und wich zurück.

Mach ruhig, sagte ich, als ich klein war, hab ich auch Schnee gegessen.

Will nicht, sagte Adi.

Aber es ist ein schönes Gefühl, wenn er ganz langsam im Mund schmilzt. Er wird zu Wasser, du kannst ihn sogar trinken.

Hab keinen Durst.

Er stand auf, klopfte sich die Hose ab, blies sich über seine klammen Hände und wollte wieder ins Haus. Ich hielt ihn fest und nahm ihn, selbst noch auf den Knien, fest in den Arm. Er wollte sich herauswinden, aber er setzte dabei so wenig Kraft ein, dass ich seinen Versuch nicht sehr ernst nehmen konnte. Er starrte in die Nacht, er atmete jetzt ohne Hast, in die Stille hinein hörte ich sein Herz klopfen.

Ich redete auf ihn ein, machte ein paar blöde Witze, die er nicht verstand, und dachte dabei an den Schlageterteich in Bottrop zurück, wo in meiner Kindheit immer der meiste Schnee gelegen hatte. Der Wind wirbelte ihn über das blanke Eis an die Ränder des Karpfentümpels, bis er sich zu kleinen Haufen türmte, in die wir Kinder so vergnügt wie in das Becken eines Freibades sprangen.

Dass der kleine See nach einem strammen Nazi benannt worden war, erzählte man uns damals nicht.

Nur ein paar Meter von Adi und mir entfernt entdeckte ich eine ähnliche Stelle. Der Schnee lockte tief und weich, er leuchtete versöhnlich in der Dunkelheit, dass selbst Adi seine Angst verlor und mit mir vertrauensvoll hinüberstiefelte. Kaum waren wir dort, ließ ich mich ohne viele Worte auf den Rücken fallen. Adi lachte, er lachte so ehrlich, so befreit, wie ich es später nie wieder bei ihm erleben sollte. Er gluckste vor Glück, als ich mich in mein kaltes weißes Bett kuschelte, und als ich ihn ermutigte, es mir nachzumachen, wunderte ich mich schon sehr, als das schwarze Gesicht plötzlich neben mir lag und gelassen in den Himmel grinste.

Dann schwiegen wir wieder. Vielleicht waren es nur zwei, drei Minuten, aber mir kam es vor wie eine kleine Ewigkeit. Vor unseren Mündern dampfte die Kälte, wir breiteten die Arme aus, fächerten sie nacheinander in die helle Gischt und malten Bilder in den Schnee, die wie die Flügel eines Vogels aussahen. Wir waren im Augenblick gefangen. Die Luft sirrte, der Wind nestelte an unseren Sachen, die Bilder der Nacht schienen sich in kühlen Schemen zu verlieren, und komisch: Für eine kurze Zeit hatte ich sogar den Eindruck, dass die Berge zusammenrückten, um uns in unserer friedlichen Gemeinsamkeit zu schützen.

Irgendwann wollten wir einen Schneemann bauen. Aber der Schnee war so trocken, dass er sich kaum formen ließ. Er sträubte sich, seine Kristalle zeigten uns eiskalt die Zähne, und so konnten wir ihn nur zu einem traurigen Klumpen pappen. Selbst die Steine, die wir als Knöpfe hineinsteckten, fielen gleich wieder aus seinem krummen Bauch heraus. Doch Adi gab nicht auf, er schaufelte heiter weiter, er strahlte, er keuchte, er vergaß die Zeit, seine Angst, und ich glaube, er wusste gar nicht, wie sehr er sich soeben aus seinem Unbehagen löste. Nichts mehr erinnerte an die Befangenheit, mit der er vorher den Winter berührt hatte. Nichts deutete mehr auf seinen Ekel, seine Scheu, ja, wirklich, ich war schon ein wenig stolz auf mich.

Ich weiß nicht mehr, wie lange wir draußen waren. Ich wusste nur, dass ich dieses Lächeln der Nacht nicht mehr vergessen würde. Am nächsten Tag stellte sich Adi sogar mit seinen dürren Beinen auf die Bretter, wacklig, zaghaft, aber glücklich; und obwohl er ganz offensichtlich kein großes Talent besaß, auf langen Latten einen Berg hinunterzufahren, freute es mich sehr, wenn ich den Glanz seiner Augen im schwarzen Gesicht unter der Pudelmütze erblickte.

Ich sollte ihn nie wiedersehen. Doch immer wenn es darum geht, Menschen vom Winter, von der Kälte und deren wunderbarer Endgültigkeit zu überzeugen, schleicht sich wieder Adis lieber Lockenkopf in meine Bilder. Ich höre sein helles Stimmchen im Schnee und sehe ihn, wie er seine heimliche Freude in die weiße Pracht malt.

Dann ist alles ganz einfach.

WO IST DER WINTER?

Die Welt wird wärmer, die Natur spielt verrückt. Kanonen spucken Schnee aus, um den Hängen einen zweifelhaften Pelz zu verpassen. Doch in Morgedal, einem Örtchen der Provinz Telemark, gibt es noch Wintermärchen.

Für Heiligabend sind Temperaturen zwischen 4 Grad Celsius im Nordosten und fast schon frühlingshaften 10 Grad Celsius im Westen vorhergesagt. Mit Frost ist dem Deutschen Wetterdienst zufolge lediglich in höheren Lagen zu rechnen. Bereits zum 4. Advent kann es in Deutschland stellenweise bis zu 15 Grad Celsius warm werden.

Wettervorhersage, 18. Dezember 2018

Als ich begann, dieses Buch zu schreiben, sagten viele, wie bitte, es gibt doch gar keinen richtigen Winter mehr. Wann haben wir denn noch Frost? Wo können unsere Kinder noch Schlitten fahren, und wie oft gucken sie voller Sehnsucht aus dem Fenster, weil Frau Holle wieder mal an Schüttellähmung über dem Ozonloch leidet? Was ist denn mit dem Heiligen Abend, an dem der Schnee gefälligst leise rieseln sollte, und von wegen still und starr ruht der See?

Was sollte ich bloß dagegen einwenden? Sie haben recht. Der Winter lässt uns regelmäßig im Stich, er wird immer wärmer, er schert sich nicht um den Lauf der Jahreszeiten und kümmert sich einen Dreck um traurige Kinderseelen. Soll man ihnen etwa erzählen, dass es im Pleistozän, als es die Erde in mehr als zwei Millionen Jahren mit Eiszeiten überzog, auch schon eifrig Tauwetter und sogenannte interglaziale Klimaphasen gab? Das wäre wohl ein wenig billig.

Irgendwann spottete ich mal in einem Artikel, warum es eigentlich Mütter gäbe, die dreißig Kilogramm Kind mit einem zwei Tonnen schweren Geländewagen zur Schule bringen müssten. Mütter, die danach zum Bioladen fahren und die aufgerissenen Löcher im Himmel gern mit dem Rülpsen der Kühe begründen. Es gab Ärger, viel Ärger, um es vorsichtig auszudrücken, und eine Mutter drohte mir: Zieh dich warm an, pass bloß auf, wenn ich dich erwische. Erst schämte ich mich ein wenig, und später entgegnete ich kleinlaut, für diese Welt zu kämpfen erlaube doch so manches Mittel. Ich bekam keine Antwort, und ein Freund sagte nur, du hast es auch nicht anders verdient.

Die Erde ist wund und zeigt tiefe Narben, die uns bereits beim Anblick wehtun. Der Golfstrom gerät aus der Bahn, Eisbären ertrinken, weil die Schollen unter ihnen schmelzen. Skifahrer rutschen auf einem weißen, reizlosen Brei, den ihnen Kanonen vor die Bretter spritzen, in braune Täler, und Sibirien versinkt im Matsch, weil sich die Kälte der Jahrtausende ganz langsam aus den Böden schleicht. Das Gefieder der Schneehühner wird zwar immer noch weiß, doch wenn sie ohne farbliche Tarnung im Winter auf schäbigen, nassen Almwiesen grasen, kann sich jeder Adler auf sie stürzen.

Die Natur spielt verrückt, und keiner da, der sie heilt und von ihrem Wahnsinn befreit. Wo ist der Winter geblieben, den ich als Kind so liebte? Mit warmen Socken, Glühwein, Pudelmütze und einer Sonne, die den Schnee mit gütigem Silber überzieht?

Leise kriselt der Schnee. Alles Wahre, alles Echte, jede Zahl und jeder Wahnsinn unserer Erde spricht erbarmungslos für sich, wenn du die Zeitung aufschlägst und liest, wie die Alpen stöhnen. Weil sich keine weißen Kleider, sondern oft nur noch schmierige feuchte Lappen über ihre Berge legen. Wenn du hörst, wie Österreich den lieben Gott spielen darf und es in den letzten fünfzehn Jahren für acht Milliarden Euro schneien ließ. Harte, kleine Kugeln aus Eis, die nichts zu tun haben mit der raffinierten Kunst einer Flocke. Der Natur wird ganz einfach ein dichter weißer Pelz aus kristallisierten Keimen verpasst, um sich den Schnee für jeden Winter warm zu halten.

Die Kanonen schießen aus allen Rohren, weil sich Petrus selten mit seinem Zeitplan an die Ferien hält. Sie liefern sich einen verhängnisvollen Krieg mit dem Wetter. Hässliche Krater werden in den Fels gesprengt, um die riesigen Tanks hineinzuquetschen, deren Wasser die Gräser im Sommer mit Bakterien versetzt, die nur darauf lauern, der Umwelt zu schaden. Der Bürgermeister eines bekannten Wintersportortes sagte mir einmal, weißt du, ich muss doch die Saison durchbringen, sein

Dorf lebe schließlich vom Winter. Dabei hatte er nicht die Spur von einem schlechten Gewissen, dass man dem Winter die Kälte einprügelt und ihn zu schmutzigen Geschäften zwingt.

Ich muss doch die Saison durchbringen. Diesen Satz habe ich nie mehr vergessen.

Aber in solchen Augenblicken schiebe ich alles weg, was irgendwie nach Defätismus riecht, und träume mich in eine Geschichte zurück, die den Winter nicht miesmacht, sondern ihn mir so wunderbar und ehrlich zurückbringt, wie er vielen am liebsten ist: sanft, versöhnlich, weich. Ich kann dann auch weiterhin an die Resublimierung von Wasserdampf glauben. Ich kann dann den Winter wie Lehrer Handke sehen, ich kann dann seine Schokolade schmecken.

Oft denke ich auch an Morgedal, dann ist für mich die globale Erwärmung ganz weit weg.

Es war die Reise in ein Wintermärchen. Das hübsche kalte Nest liegt in Norwegen, und der Winter legt sich dort in der Provinz Telemark so zuverlässig über die Gegend, wie das Pendel einer Standuhr schlägt. Ich hatte den Auftrag, über die Anfänge des Skifahrens zu berichten, und schon am Ortseingang dieser weiß bemalten Puppenstube stand ein riesiges Schild, das eine Wiege mit überkreuzten Brettern zeigte. *Morgedal, the cradle of skiing,* konnte ich lesen, doch während es mein Fotograf breit grinsend als gnadenlosen Kitsch abtat, hielt ich sofort ernsthaft dagegen und klärte ihn über Sondre Norheim auf. Der Fotograf grinste daraufhin nur noch gequält, er mochte den Sommer und hätte vermutlich lieber eine Geschichte über den Hanfanbau in der Karibik gemacht. Ich war ganz gut vorbereitet auf seine Häme.

Sondre Norheim wurde vor fast zweihundert Jahren in Morgedal geboren und war einer der besten Skispringer seiner Zeit. Es sprang über dreißig Meter weit. Das war im Jahr 1850 beinahe so, als wäre er als erster Mensch der Welt die hundert Meter unter zehn Sekunden gelaufen. Der gute Sondre aber wurde ein Held über die Grenzen seines Städtchens hinaus, weil er eines Tages die Hacken seiner Stiefel auf den bockbeinigen Dingern, wie er die Bretter nannte, geschickt zu befestigen wusste. Er tat es mit straffen Schlaufen aus Birkenholz, sehr zum Ruhme seines Dorfes und vor allem zum Ruhme seiner selbst. Danach wanderte er nach Amerika aus, was Morgedal ihm niemals verzieh. Ich übrigens auch nicht. Wer weiß, sonst wäre es heute sicher ein Wallfahrtsort für Hersteller von Skibindungen mit frei gleitender, richtungsstabilisierender Fersenautomatik oder so ähnlich geworden.

Doch auch so, das musste selbst mein strandverliebter Knipser neidlos anerkennen, wurde in diesem stolzen, artigen Ort mit dem Erfinder einiges angestellt. Der Supermarkt hieß Sondre Norheim, die Skiwerkstatt hieß Sondre Norheim, die Aufstiegshilfe hieß Sondre Norheim, nein, das einzige Hotel noch nicht. Dafür prangte auf jeder Keksdose das Oberstübchen des berühmten Schlaumeiers, und als wir das Auto in den ersten Gang zurückschalteten (mit dem zweiten war man sofort am Ortsende), entdeckten wir unten am See eine schwarze Büste von Sondre Norheim. Der Fotograf stieg sogar aus und machte ein Bild.

Der Geist des Schöpfers schwebte über alle Hütten Morgedals, und irgendwie gewann ich den Kerl mit der Zeit echt lieb. Ich konnte nur nicht verstehen, wie er so einen freundlichen Ort des schnöden Mammons wegen verlassen konnte, einen Platz, an dem der Winter nun wirklich viel zu schön ist, um wahr zu sein. Wo er bis heute pünktlich kommt, wie am Morgen der Schulbus für die Kinder. Ich jedenfalls wäre an seiner Stelle für immer da geblieben.

Wir gingen ins Museum, das erstaunlicherweise auch Sondre Norheim gewidmet war. Überall roch es nach Bohnerwachs und Vergangenheit, und wir durften ganz vorsichtig das Trockenbrot eines gewissen Herrn Olav Olavsen Bjaaland von 1911 berühren, eines weiteren großen Sohnes von Morgedal, der mit Roald Amundsen durch die weiße Hölle des Südpols zog. In einer Ecke stand Norheims Arbeitshose, steif vor Dreck, daneben prangte ein vergilbtes Bild, das sein späteres Haus in South Dakota zeigte. Obwohl in der flachen Prärie an Skilaufen nicht zu denken war, soll er immer ein Paar Bretter vor seiner Haustür stehen gehabt haben.

Aber da gab es noch zwei betagte und geduldige Männer, die das Andenken an Meister Norheim besonders eindrucksvoll wachhielten. Aasmund Kleiv hieß der eine, er wirkte wie aus einem Baum geschnitzt, mit Runzeln im Gesicht, die als rissige Rinde seine Haut bedeckten. Ich glaube, er hätte viel darum gegeben, wenn er Sondre Norheim noch persönlich kennengelernt hätte. Sobald er von ihm sprach, senkte er seine Stimme wie zum Gebet. Er lebte, er fühlte, er arbeitete, als käme er aus einer anderen Zeit.

Herr Kleiv bog die Latten aus Eschenholz über Wasserdampf und schmierte sie zum Schutz vor Nässe mit klebrigem Teer ein. Er nähte die Skischuhe aus Kuhleder, zwirbelte die Züge der Bindung aus guter Birke und wunderte sich schon sehr darüber, dass ihm zwei Reporter in seiner Schmiede ständig Löcher in den Bauch fragten. Ja, er verkaufte fünfzig Skier im Jahr, sagte er. Ja, sie kosteten sechshundert Mark. Ja, die erste Bindung trug den Namen *Rattenfalle.* Ja, das Stadtoberhaupt von Morgedal ließ

1874 das Skifahren auf der Straße wegen groben Unfugs verbieten, und, ja, jetzt entschuldigen Sie mich bitte. Er wollte nur zurück an seine Arbeit und am Nachmittag auf seine Skier, um damit durch das Schweigen des norwegischen Winters zu gleiten.

Eivind Strondi war der andere Gralshüter, der streng an der Wiege des Skilaufs wachte. Er ging trotz seiner über siebzig Jahre aufrecht wie das junge Leben und war in Morgedal so etwas wie der heimliche König, nicht nur, weil er Englisch sprach. Herr Strondi war der Herr des olympischen Feuers. Am Küchenherd von Sondre Norheims Hütte Øvrebø, da, da, dahinten, auf dem Hügel, hatte er die Fackel entfacht, für die Winterspiele von Oslo. Er steckte die Scheite in eine gusseiserne Monstranz und gab sie Skilangläufern mit auf ihren Weg zu den Flammenschalen in den Stadien.

Der graue Greis war sich seiner geschichtlichen Verantwortung sehr bewusst, er führte jeden Besucher begeistert schweigend in die Hütte Norheims und vor sein Gästebuch, in dem der König von Norwegen gleich neben einem Norbert Schmidt aus Köln-Nippes unterschrieben hatte. Und wisst ihr, pssst, das Holz im Herd war damals so feucht, dass kein olympisch vorgeschriebenes Reiben zweier Feuersteine, sondern nur noch das rote Köpfchen eines Streichholzes half. Herr Strondi lachte verlegen, als er uns das erzählte.

Wenn Stolz laufen könnte, müsste er sicher Eivind Strondi heißen. Er schritt beinahe erhaben und in majestätischer Gefallsucht am Ofen eines lange toten Menschen auf und ab, der nicht das Penicillin, den Buchdruck oder den Flaschenzug erfunden, sondern bloß eine Skibindung mit einem läppischen Seilzug ausgeheckt hatte. Eivind Strondi liebte ihn, atmete ihn, betete ihn an, und im Grunde war dieses unbeugsame, stumme

Männchen das genaue Abbild dieses kleinen Wintermärchens Morgedal.

Er freute sich auf die Winterspiele wie ein Kind. Sie sollten drei Jahre nach unserer Reise in Lillehammer stattfinden, keine dreihundert Kilometer von Morgedal entfernt. Er zuckte vor Freude, seine Augen strahlten wie die Sonne über ihm, und wenn er davon redete, sagte er Dinge wie diese: Die Welt werde schon sehen, wie Winter wirklich geht, sie werde spüren, wo Kälte eigentlich hingehört. Und dann sagte er noch einen Satz, der wie eine Lawine nachhallte, die krachend von einem Berg donnert.

Durch den Winter findet unser Land endlich statt, sagte er.

Der Satz klang bestimmt, fast trotzig und gleichzeitig niedlich, er war irgendwie nicht einzufangen, und es lag nicht nur daran, dass Herr Strondi ihn eigentlich geflüstert hatte. Wir finden endlich statt, was für eine seltsame Demut, dachte ich, aber ich schlug glücklich meinen Block auf. Dann forderte er uns auf, ihn allein zu lassen, er wirkte plötzlich sehr müde, ich glaube, seine Worte hatten ihn angestrengt.

Aber diese spärlichen Worte über seine Heimat, die er uns beim Wandern vor die Füße geworfen hatte, waren so eindringlich, so endgültig gewesen, dass ich sie erst mal begreifen musste, und doch war es nach längerem Überlegen nicht allzu schwer. Denn dieses große, lange Norwegen wirkt tatsächlich wie ein schmales Stück Vergessenheit, das im krummen Westen Skandinaviens oft der schlechten Laune eines stürmischen Meeres ausgesetzt ist.

Ich spürte meinen dicken roten Atlas aus der Schule in den Händen, den ich sehr pflegte, weil ich mit ihm als kleiner Junge die ganze Welt bereiste, und ich weiß es noch genau: Fast jede Karte über den Norden endete unterhalb der Lofoten, ich fand das schon damals ziemlich gemein, die Hälfte von Norwegen zu unterschlagen. Vielleicht meinte man auch, es sei doch nur feucht und kalt und Europas Anlaufstrecke in das Packeis, bei uns in Erdkunde kam es jedenfalls kaum vor. Auch nicht auf der riesigen bunten Landkarte, die im Klassenraum hing und bei jedem leisen Windhauch schaukelte.

Aber jetzt saßen Eivind Strondi und Aasmund Kleiv aus Morgedal vor mir. Sie zeigten mir, wo Norwegen ist, sie zeigten mir, wie Norwegen ist, o Mann, sie stellten echt was dar. Sie waren Winter für mich, Winter, wie ich ihn schon als Kind so geliebt hatte. Unschuldig, ehrlich, geradeheraus, sie lachten jedem ins Gesicht, der ihnen mit erhöhtem Kohlendioxidausstoß und irgendeiner Erderwärmung kommen wollte. Nein, seht doch, ihr Winter war einfach nur da. Sie ließen Schnee durch ihre Hände rieseln, bliesen ihn sich von den Lippen und machten Hagebuttentee mit ihm.

Wir saßen lange zusammen, während vor dem Fenster Flocken tanzten. Draußen fand der Winter statt. Ein Winter, der überhaupt nicht wahr wirkte, so kitschig kam er mir vor, wie auf einer Postkarte von Bayerisch Eisenstein. Ein Winter, der keine Treibhausgase, keinen Feinstaub und kein Ozonloch kannte. Ein selbstbewusster Winter, der sich gegen jede üble Nachrede wehrte.

Die alten Männer rauchten, in ihren Pfeifen knisterte zufrieden der Tabak, und der süßliche Qualm züngelte frech durch den Raum. Sie blickten nach draußen, während ein verschämtes Lüftchen unter der Tür hervorkroch, und Herr Strondi sprach von nichts anderem als den Olympischen Winterspielen in Lillehammer. Sein größter Wunsch war, sie noch zu erleben, und während er das sagte, nickte Herr Kleiv, ja, das wünschte er sich auch. Dabei bekreuzigte er sich und murmelte ein paar fromme Worte in den grauen Bausch seines Bartes.

Ich lächelte, schlürfte am heißen Tee und dachte nur, als ich diese wunderbar gestrigen Kerle betrachtete: Sie würden niemals wissen, wie eine Autobahnbrücke im Bottroper Winter aussieht. Sie würden staunen, wenn sie den traurigen Matsch einer Fußgängerzone im Ruhrgebiet sähen. Sie würden bestimmt laut lachen, könnten sie jemals Lehrer Handke beim Skilaufen zusehen. Würden sie mir glauben, wenn sie von Adi hörten, dem kleinen schwarzen Jungen, der weinte, weil er Angst vor dem Schnee hatte?

Nur der Wind flüsterte noch. Die Pfeifen waren ausgeklopft, und die beiden Freunde legten ein Gesicht auf, das zu sagen schien, Männer, es ist alles gesagt. Über unsere Heimat, die wir so sehr lieben, über die *Rattenfalle* von Sondre Norheim, über den Winter, der bei uns immer einkehrt. Ich beschloss also, auch zu schweigen, den Blick verzückt in den Winter von Morgedal zu richten und ihnen auf keinen Fall von meiner Begegnung mit Herrn Müller zu erzählen. Nein, das nicht! Sicher hätte ihnen Herr Müller ihr Wintermärchen auf der Stelle zerstört. Ich hatte ihn ein paar Tage vorher getroffen.

Herr Müller war ein erfolgreicher Unternehmer aus dem Ruhrgebiet, der schon seit zwanzig Jahren in Norwegen lebte. Er baute als Geschäftsführer der größten Hotelkette des Landes eine prächtige Absteige nach der anderen, in Oslo, Bergen, Lillehammer oder anderswo. Das hier ist mein Kind, sagte er, laut, protzig, ohne Zweifel an sich selbst. Na ja, er wolle nicht behaupten, dass ihm Olympia allein gehöre, aber er habe es mit auf die Welt geholt, so viel sei klar. Dabei stand er, ich weiß es noch wie heute, breitbeinig wie ein Baggerfahrer da, der gerade von seiner Maschine gestiegen war, um noch mal alle zu warnen, bevor er die Gegend mit seinem Geld plattmachen wollte.

Ich fand, er passte einfach so gar nicht zu Norwegen. So gar nicht zum Winter. Ich war mir sicher, dass er den Schnee, die Kälte und das Eis eigentlich abgrundtief hasste.

Er war sehr nett, sehr unverbindlich freundlich, aber ich glaubte ihm kein Wort, ich war mir sicher, dass er mir vieles verschwieg. Er sprach außerordentlich gern über Hotelkapazitätserhöhungen, wie das auch die Macher unter den fünf Ringen zu bezeichnen pflegten. Doch dass diese klotzigen Hotels nach den Spielen zu einem brachliegenden Entsorgungspark geldgesegneter Amerikaner verkommen könnte, davon sprach er selbstverständlich nicht.

Irgendwann steckte ich meinen Block in die Tasche, während er den Fotografen und mich durch den Olympiapalast von Lillehammer führte. Er lief vor uns her, mit stolzgeschwellter Brust, und holte dabei hastig die Zukunft ein, während er die Vergangenheit achtlos hinter sich ließ. Das Gebäude war eine merkwürdige Mischung aus Museum und Warenhaus, die größten Schätze wurden hinter dickem Glas ausgestellt.

Wir sahen die schrumpeligen Schlittschuhe von Alv Gjestvang, der 1956 in Cortina d'Ampezzo die Bronzemedaille gewann. Wir sahen das Felsgekritzel eines Skifahrers in der Steinzeit, wir sahen – natürlich! – die Bindung aus Birkengeflecht von Sondre Norheim und einen klapprigen, sehr bedauernswerten Schlitten, auf dem irgendein Norweger Meister geworden war, dessen Namen im Holz nicht mehr zu lesen war.

Herr Müller drängte zur Eile. Im nächsten Raum, wo sich die vielen anderen Macher von Olympia trafen, blieb er stehen, und der Fotograf durfte jetzt so viele Bilder von ihm machen, wie er nur wollte. Es wimmelte vor Wichtigkeit. Endlich. Herr Müller war im Revier der Alphatiere, in dem alle drängelten, einander herumstießen, sich beschnupperten und plappernd um ihre wirtschaftliche Wertschätzung kämpften.

Er fühlte sich sehr wohl, zwängte sich durch die Menge und ähnelte einem hungrigen Raubtier auf der Suche nach Beute. Von vorn dröhnte eine *Supermultidolbysurroundvideoshow* in französischer, deutscher, englischer und japanischer Sprache herüber. Soweit ich es verstand, wurde in tiefem Bass, der aufdringlich knarrte, für die sechstausend Arbeitsplätze gedankt, die ihnen die Winterspiele bescherten. Außerdem wurde auch dem Skibrillenhersteller Carrera, dem Wachshersteller Swix, der Fluglinie SAS, dem Autohersteller Volvo, dem Fernsehsender CBS und vielen anderen herstellenden Herstellern gedankt, die den edlen Wettstreit der Jugend erst möglich machten.

Niemals hätte ich gedacht, dass Wichtigkeit so aufdringlich laut sein konnte.

Mir dröhnte der Kopf, ich holte tief Luft, bis ich mich traute, Herrn Müller eine Frage zu stellen. Sie brannte mir schon lange unter den Nägeln. Ihn aber schien sie nicht zu überraschen, er schnaubte nur kurz und zog sich die Hose hoch, dann blickte er mich mit seinen starren Augen an, die so kalt waren wie das Eisloch in einem sibirischen See.

Ich fragte, Herr Müller, verkaufen Sie den Winter?

Er schnaubte, er schwieg und presste die Lippen zusammen. Wir machten noch ein paar Fotos, dann drehte er sich auf dem Absatz um, ohne sich von uns zu verabschieden, und stürzte sich wieder in das Gewimmel der Geschäftemacher. Er hastete zurück durch die Vergangenheit, ohne auch nur einen Blick auf sie zu werfen, und verschwand in eine Zukunft, in der er lieber satten Gewinn roch als frischen Schnee. Eine Antwort auf meine Frage bekam ich nicht mehr.

Danach war ich nie wieder in Morgedal. Ich glaube, ich wagte es auch nicht, weil ich mein eigenes Wintermärchen nicht zerstören wollte. Weil ich nicht hören wollte, dass Eivind Strondi nicht mehr lebte oder es sich Aasmund Kleiv nicht länger leisten konnte, seine altmodischen Skier zu bauen. Ich dachte, wenn Bücher zugeklappt werden, sollte man sie einfach wegstellen und nur herausholen, wenn die Erinnerung daran fast erloschen ist.

Eigentlich war damals ja auch alles gesagt. Oder hätten wir noch darüber reden sollen, warum so viele Menschen auf der Welt dicke Dreckschleudern fahren? Wieso sie so viel Kohlendioxid in den Himmel spucken? Warum sie Fleisch essen, die Heizung aufdrehen, sich ständig Pakete schicken lassen und, ja, weshalb selbst unsere Kühe beim Rülpsen das Klima zerstören? Hätten wir besprechen sollen, warum wir unter einer Käseglocke voller Schmutz und Rauch leben und wir deshalb keinen Winter wie in Morgedal mehr haben?

Was hätten die beiden Gralshüter zu Herrn Müller gesagt? Der den Winter einfach selbst macht, wenn er nicht kommt, ihn meistbietend verkauft und eiskalt zum Geschäft erklärt? Ich vermute, sie hätten nur traurig an ihren Pfeifen gezogen und ihm den Kamin von Sondre Norheim gezeigt. Aufgehalten hätten sie ihn sicher nicht, wie denn auch, wenn er die Schneekanonen in Stellung brächte und die Wiesen hinter seinen Hotels mit klebriger Chemie überzöge.

Ich erinnerte mich oft noch an Morgedal, wenn ich später Menschen traf, die den Winter verhökerten.

Die meisten von ihnen traf ich beim Skizirkus der Rennläufer, in dem es oft nichts mehr zu lachen gab. Weil er bei jedem Wetter durch die Alpen hetzt, damit das Geschäft gefälligst läuft. Weil er vom Geld getrieben wird, vom strengen Zwang seines Programms und der

Eitelkeit versnobter Bergkäffer, die sich einen Teufel um die klaffenden Wunden unter den Pisten scheren. Ich erlebte ihn, so häufig ich ihn begleitete, als einen Zirkus, der den Bergen einen weißen Pelz verpasste, wenn die Vorstellung wegen Schneemangels auszufallen drohte. Weiter, schneller, was weiß ich, da kann man auch schon mal Geld verpulvern. Ich finde, nirgendwo wird das Trauerspiel der Natur deutlicher als dort.

Es sieht nicht gut aus mit unserem Winter. Wie lange wird es ihn noch geben? Wann ist das Eis der Pole ganz verschwunden? Werden wir nicht irgendwann alle vom gierigen Maul des Klimakillers ins Meer gezogen? Dann hätten wir andere, viel dringendere Probleme, als dass in Garmisch-Partenkirchen ein Rennen ausfällt.

Sicher werden uns die Enkel eines Tages fragen, wieso wir so viele Bretter vor dem Kopf hatten, als es hieß, den Winter zu retten. Wenn sie sich darüber beklagen, warum sie keine Schneemänner mehr bauen können, wie wir es machten, als wir klein waren.

Ich glaube, wir sollten uns schon mal ein paar gute Antworten überlegen.

VOM SCHAUDER EINER VIERFACHTÖTUNG

Eine befremdliche Begehung mit Pistenbauer Bernhard Russi in Val d'Isère. Die verdammte Tapferkeit von Rennläufern und eine kleine technische Gesellschaft, die das Leben von Menschen mit Sandsäcken aufwiegt.

Höhen- und Tiefenangst

Aus Angst
vor den Höhen und Tiefen
eines sinnlichen,
besinnlichen
und sinnreichen Lebens
pflegen
viel zu viele
sicherheitshalber

ebenerdig
zu denken
und zu fühlen,
zu leben
und zu lieben.

Ernst Ferstl, Dichter

Es sollte nicht lange dauern, bis ich wieder einem Menschen begegnete, der den Winter verkaufte. Aber er tat das mit einer solchen Hingabe, Leidenschaft und Begeisterung, dass ich es ihm nicht einmal übel nehmen konnte.

Bernhard Russi war ein Held in der Schweiz, ach was, er ist es immer noch, er wird gefeiert, er wird geliebt, und sein Ruhm scheint unvergänglich. Weil es in einem Land der Berge oft schon genügt, unsterblich zu werden, wenn man auf Skiern halsbrecherisch die Hänge hinunterrast. Er hat olympisches Gold auf der Abfahrt von Sapporo gewonnen und war schon als junger Kerl ein ziemlicher Draufgänger. Bei einer wilden Verfolgungsjagd in einem James-Bond-Film, wo er einen Handlanger des Bösewichts spielen durfte, hatte er sich bei einem schweren Sturz während der Dreharbeiten einen Halswirbel gebrochen.

Er trieb seinen Sport auf die Spitze, sozusagen. Sogar ein Sprung am Lauberhorn in Wengen wurde nach ihm benannt, weil nur er den Mut besaß, an einer hohen, schroffen Kante über siebzig Meter durch die Luft zu fliegen. Was für ein verrückter Hund, sagten die Leute, aber sie liebten ihn, weil er seine Verachtung vor der Angst grinsend in den Schnee spuckte. Er scheute keine Gefahr, schob jeden Zweifel aus der Spur, um seine Tapferkeit, seine Lust am Spiel im Angesicht des Abgrunds zu beweisen. Alle waren nur froh, dass er den Tanz auf diesem

Grat der Kühnheit überstand und nicht vom Schicksal, das er so frech herausgefordert hatte, irgendwann in einem seiner vielen Rennen doch bestraft worden war.

Als er die Bretter abschnallte, kam er auf die Idee, Skipisten für Meisterschaften in der ganzen Welt zu entwerfen. Er hatte Bauzeichner gelernt und räumte sich im Keller seines Hauses ein paar Räume frei, bevor er begann, sich Rennstrecken in Schweden, Norwegen, Kanada und Frankreich auszudenken. Zuerst malte er ein paar Striche auf Papier, später dann auch auf dem Computer, kritzelig, hirnspinstig und häufig so unverschämt waghalsig, dass er damit fast das physikalische Gesetz der Fortbewegung beleidigte. Er krakelte lange, eklige Zungen, die sich hinterlistig über die Berge leckten, auf das Reißbrett, und Herr Russi brauchte schon seine Zeit, bis man ihm glaubte, dass sich durch diese böswilligen Schattenreiche, diese steilen Schrunde überhaupt auch Menschen schleudern lassen würden.

Eines Tages lud er mich ein, mit ihm eine Piste in Frankreich zu begehen. Sie sollte in zwei Jahren die Abfahrtsstrecke der Olympischen Winterspiele von Albertville werden. Später hieß es, dieser Berg verzeihe nichts, keine falsche Bewegung, und ein paar gute, sehr gute Skirennläufer wollten sich angeblich weigern, dort hinunterzufahren. Sie hatten Angst, ehrliche, große Angst. An dieser Piste stellt sich die Sinnfrage unseres Sports, sagte ein ehemaliger Weltmeister, die meisten nannten sie Hölle, einfach nur Hölle. Ich fand, es wurde Zeit, Bernhard Russi kennenzulernen.

Es war ein trister Morgen im Herbst, der nicht richtig Tag werden wollte. Der Regen klatschte gegen die Felsen, die feuchten Wiesen dampften. Überall kroch dir die Feuchtigkeit entgegen, und als die Seilbahn über die furchteinflößenden Hänge des Berges hinweg durch den milchigen Himmel surrte, wurde mein Entsetzen über den Ausblick unter mir allmählich stärker als das bloße Unbehagen über das lausige Wetter.

Der düstere, steile Berg hieß *La face de Bellevarde.* So wurde er schon seit ewigen Zeiten ehrfürchtig von den Bauern genannt, dort unten, im engen Tal von Val d'Isère. Das Gesicht. Weil der Berg lächelt, sagten sie, wenn die Sonne scheint. Weil er weint, wenn es regnet, weil er spuckt, wenn sich die Steine lösen, und er grinst, wenn er die Toten in seinem Eis behält. Dieser Berg ist niemandem geheuer, und jede Mutter in der Gegend ist bis heute glücklich, wenn er ihre Söhne nach dem Klettern wieder lebend freigibt.

An diesem widrigen Oktobermorgen schien das Gesicht eine Fratze zu ziehen, mit einem kalten Lächeln, das sich zwischen den aufgerissenen Nebelfetzen zeigte. Mit tiefen Runzeln in den Felsen des Gipfels und einer schmutzigen Geröllspur, die sich neugierig den Berg herunterschlängelte und irgendwann die Abfahrtspiste werden sollte. Diese Versuchung habe ich mein Leben lang gesucht, sagte Herr Russi, dabei legte er seine braun gebrannte Stirn in Falten. Sie fordert Mut, redete er weiter, Können und die Auseinandersetzung mit der Überwindung von Angst. Dieser Berg hat alles, was die Welt für ein paar Stunden staunen lässt.

Dann duckte sich die Seilbahn in die Bergstation hinein, heftig schaukelnd, denn starker Wind kam auf und trieb die Wolken vor sich her, bevor sie am Grat zerschnitten wurden. Das Gesicht sah aus, als müsste es sich bei diesem widerlichen Sturm schütteln. Es hat sich immer noch nicht an mich gewöhnt, sagte Herr Russi, er lächelte, grub seinen schmalen Körper in die dicke Daunenjacke und begann wie am Anfang eines jeden Monats damit, den Berg, seinen Berg, zu begehen.

Er war stolz auf ihn, ich merkte es bei jedem Schritt. Drei Kilometer lang, ein Kilometer Tiefe, vom Start bis ins Ziel, die steilste Strecke der Welt. Sanft setzte er seine klobigen Stiefel auf, als hätte er Furcht, ihn zu verletzen. Dabei hatte man dem Gesicht schon längst für sieben Millionen Mark eine kurvige Furche in die Haut geschabt; hatte mit Planierraupen seine alten Falten glätten und mit Dynamit kleine Unregelmäßigkeiten wegsprengen lassen, was Umweltschützer Herrn Russi besonders außerhalb von Frankreich äußerst übel nahmen.

Er zuckte mit den Schultern. Das ist wie mit Verbrennungen am Körper, sagte er, die erholen sich auch schnell wieder. Der Pistenbauer zeigte auf eine bröckelnde Felsscharte, ich schaute mit leichtem Grauen hinüber. Ich dachte, sie müsste eigentlich schreien, wenn Berge Schmerz empfinden könnten, so elendig zerstört wand sie sich ins Tal. Kurz vorher war ein Hubschrauber mit einem Fernsehteam ganz dicht über das Gesicht geflogen, hatte seine Risse und Furchen gefilmt und von Wunden gesprochen, die nur noch der Schnee gnädig überdecke, wenn Olympia seine Fahrer in die Hölle entlässt.

Herr Russi hasste diese ständigen Vorwürfe. Dass er sich ein Denkmal für die Ewigkeit setzen wolle, manche unterstellten ihm sogar, er würde den Berg nur noch dadurch vor dem Abrutschen bewahren, indem er ihm massenhaft Beton einspritzte. Ein schlechtes Märchen, sagte er und wurde laut. Wir stiegen weiter ab.

An diesem scheußlichen Tag wollte er sich mit mir viel lieber über seinen Sport unterhalten und nicht immer nur über die Umwelt reden. Er wollte mit moralischen Grenzbereichen kokettieren, über Risiken sprechen, mit mir über menschliche Zumutbarkeiten streiten. Schließlich war er ja nicht am Zeichenbrett groß geworden, sondern auf den Abfahrtspisten dieser Welt.

Ich kenne die Gefahr, sagte er, ich kenne die erregende Beziehung zur Geschwindigkeit. Deshalb will ich mit dieser Strecke provozieren, flüsterte er. Schwächen der Rennfahrer offenlegen, ihre Stärken zeigen und zwei Milliarden Menschen vor der Glotze Bilder liefern, die sie nie wieder vergessen werden.

Nach diesen Worten riss der regenschwere Himmel auf, und während das Gesicht langsam zu lächeln begann, tauchte eine schwache Sonne die *Mauer des Edelweiß* in ihr Licht. Eine nackte, klamme Wand, die fast senkrecht aus den Felsen ragte. Darüber sah ich nun doch ganz deutlich die Umrisse des Starthauses, das an beiden Seiten breite Fenster hatte, um die Skifahrer vor ihrem verwegenen Sturz in die Tiefe wenigstens noch mit einer schönen Aussicht zu verwöhnen. Ha, sagte Herr Russi, die gucken da sowieso nicht raus.

Dort oben sollten sie sich am 9. Februar 1992, so gegen Mittag, auf ihren krummen Stöcken in den ungleichen Kampf mit der Natur abstoßen. Sich mit den scharfen Kanten durch die Kurven kratzen, sich von den Bodenwellen schlucken und von den Sprungkanten in hohem Bogen ausspucken lassen; und manch einer von ihnen würde sich vermutlich während seines langen Rittes, der bei jedem dritten Meter einen Meter tiefer ging, in den Fangzäunen wiederfinden. Die *Mauer des Edelweiß* katapultierte sie bereits gleich zu Beginn in zehn Sekunden auf 140 Stundenkilometer.

Bernhard Russi rutschte, hüpfte und kletterte mit traumwandlerischer Sicherheit den Berg, seinen Berg, hinunter und gab einigen Mitarbeitern, die ihn begleiteten, Anweisungen und Ratschläge, wo Kameras zu stehen hätten, wo Fangnetze gestrafft werden müssten oder noch ein paar Tonnen Berg mehr bewegt werden könnten, um eine mögliche Gefahr zu entschärfen. Ich mache das hier alles nur für die Sicherheit, sagte er.

Auf dem langen Marsch nach unten sprach er nicht davon, Pisten zu bauen. Er sprach davon, Abfahrten zu komponieren, Berge zu optimieren, Schlüsselstellen zu definieren und von seiner Lust, mit der Linie eines Hanges zu spielen. Irgendein berühmter Skifahrer hat ihn mal den Picasso der Pisten genannt. Herr Russi fand das lustig. Er selbst aber wollte spüren, wie das Gelände fällt, er wanderte daher oft mit geschlossenen Augen über die schiefen Pfade, um die Gegend in sich aufzunehmen. So war er auch schon in Japan vorgegangen, wo er auf den heiligen Bergen beim Zeichnen oft einen großen Bogen machen musste, um nicht die heiligen Stätten der Götter zu zerstören.

Als er das Gesicht zum ersten Mal sah, war es gleich um ihn geschehen, sagte er. Es hatte ihn so sehr erwischt, dass er mit seinen 42 Jahren am liebsten wieder auf die Bretter gestiegen wäre. Er blieb an einer engen Stelle stehen, die er *Kleiner Pass* nannte, sie bog mit einer spitzen Linkskurve in einen grässlichen Steilhang ein. Große Mauer, sagte er. Wir starrten in die Tiefe, Regen zupfte an unseren Jacken. Ich konnte mich kaum halten, ich hatte Angst, dass mich der Wind packen und für immer in diese widerliche Hölle stoßen würde. Herr Russi senkte den Kopf mit den zerzausten Haaren, er lächelte, er wirkte wie ein frecher Engel, der gerade vom Himmel gefallen war.

Das ist die Stelle, sagte er, an der sich die Fahrer ein wenig ausruhen können.

Wie bitte, erwiderte ich, weil ich an einen schlechten Scherz glaubte.

Er wird sich freuen, endlich in den Schuss zu kommen. Vorher musste er oft bremsen, was sehr anstrengend ist. Aber im freien Fall kann das Blut in den Gefäßen viel besser kreisen.

Und die Schranke im Kopf?
Die darfst du dir hier nicht leisten.
Und wenn doch einer stürzt?
Dann ist er sicher.
Wieso?

Es ist ja keine Strecke für Selbstmörder, sagte Herr Russi. Dann schaute er besorgt in die Wolken und mahnte zum Aufbruch.

Wir gingen weiter. Zähe Schleier zogen an uns vorbei, das Gesicht verhüllte sich wieder, und ich musste plötzlich an Gernot Reinstadler denken, der über ein Jahr zuvor bei einer Abfahrt in Wengen gestorben war. Er verfehlte die letzte Kurve, flog fünfzig Meter durch die Luft, krachte in die Fangnetze, blieb mit den Skispitzen hängen und riss sich dabei fast das rechte Bein ab. Dann ätzte er als hilflos stürzende Masse eine breite Blutspur in den Schnee, die Zuschauer im Ziel schrien auf, es folgte eine lange, unheimliche Stille. Er hatte sich das Becken gespalten und die Gedärme zerquetscht. Im Krankenhaus pumpte man ihm über vierzig Liter Blut in den jungen Körper, doch er starb in der Nacht. Er wurde nur zwanzig Jahre alt.

Ich wollte darüber mit Herrn Russi sprechen, aber er unterbrach mich, schroff, sofort. Das war die Verkettung unglückseliger Umstände, sagte er und wollte weiter. Unten schien das Wetter endlich besser zu werden.

Er rannte jetzt fast den Berg hinunter, vor uns lag ein feuchtes, glitschiges Geröllfeld. Die Strecke müsse ordentlich rütteln, meinte er, das habe er den Fernsehsendern versprochen, damit sie ihre spektakulären Bilder bekämen. Gerade die Amerikaner hätten viele Millionen Dollar in das Unternehmen Abfahrt gesteckt. Dann zeigte er auf eine Durchfahrt, acht Meter breit, zwischen zwei scharfen Felsen. Die *Passage de l'Ancolie,* benannt nach einer blauen Blume mit schönem Kelch, die dort im Sommer wächst. Dieser Steilhang sollte das Prunkstück seiner Piste werden, ein optischer Leckerbissen, um die Welt mit guten Fotos zu füttern, wenn sich die müden Körper ihrem Ziel entgegenschüttelten.

Wir haben die Felsen sauber abgeschnitten, sagte Herr Russi nicht ohne Stolz. Beim Rennen werden wir Matratzen vor die Wände legen, da kann man sogar kopfwärts einschießen, ohne dass etwas passiert. Ich lächelte unsicher, ängstlich, denn obwohl ich ja ganz gut auf den Skiern stehe, wäre ich an dieser Stelle mit den Brettern bloß vorsichtig abgerutscht und schon gar nicht mit über hundert Sachen hindurchgerast. Für mich wäre das ungefähr so gefährlich gewesen, als hätte ich die Bottroper Autobahnbrücke damals von unten durchfahren, während mich die Fahrzeuge links und rechts überholten.

Am Fuße des Berges schauten wir noch mal hoch in das Gesicht. Es strahlte plötzlich unschuldig in der Sonne, man konnte kaum glauben, dass es vorher so scheußlich kalt und grimmig geguckt hatte. Dieser Berg lässt mich nicht im Stich, sagte Herr Russi, dann gab er mir freundlich die Hand, lächelte und stiefelte in ein Gasthaus, um mit seinen Leuten noch ein paar Dinge zu besprechen. Vier Monate später sollte der Österreicher Patrick Ortlieb auf der Piste von Herrn Russi die Goldmedaille gewinnen. Der Favorit Markus Wasmeier wurde nur Vierter, weil er eine Kurve verpatzte. Angst? Nee, sagte der Sieger und grinste in die Kamera. Er hat das Gesicht einfach ausgelacht.

Danach traf ich noch viele Menschen, die den Winter vor allem als Geschäft begriffen. Die schamlos seine leise Schönheit verkauften, die vom Schnee lebten und das gut bezahlte Spiel mit der Gefahr suchten. Ich erlebte fromme junge Burschen, die zu Hause in ihrem Herrgottswinkel gesittet auf der Zither spielten, sich oben dann den Helm übers Hirn stülpten und beschlossen, das Denken zu beenden, wenn sie auf scharfen Kanten durch die Hölle fauchten.

Oft wusste ich nicht, ob ich sie bewundern oder bedauern sollte, denn sie alle hatten in der kalten Manege für Einschaltquoten zu sorgen. Mitleidlos eingesetzte Körper, die ständig mit dem freien Fall kokettierten. Tapfere Artisten, die sich über *Hundschopf, Hausbergkante* oder *Mausefalle* (und wie diese Scheußlichkeiten im Gelände sonst noch hießen) katapultierten und sich tief geduckt in einem Tempo um die Stangen wanden, als wollten sie sich für immer selbst ausrotten. Während zur allgemeinen Erheiterung ganz fesch die Trachtenkapelle der Freiwilligen Feuerwehr von Bad Kleinkirchheim aufspielte und sich die Ehrengäste und Zahlenjongliерer unten am Ziel, in ihrem eingezäunten Tummelplatz der Eitelkeiten, am liebsten nur um sich selbst kümmerten.

Aber es wurde auch gelacht in diesem Zirkus. Es musste gelacht werden, um sich von diesem Druck zu befreien, ständig siegen zu müssen und seine genagelten Knochen hinzuhalten im Kampf um die Anerkennung. Dann wollten sie einfach ein paar alberne Clowns sein, gerade auch die, die Szymon Kraciuk oder Marian Bíreš hießen und nicht Ingemar Stenmark oder Alberto Tomba. Die kaum Geld damit verdienten, ständig den Teufel herauszufordern, und die irgendwo mit vier Leuten auf einem Zimmer schliefen, um sich eines Tages ihre stillen Träume zu erfüllen.

Einer von ihnen, ich erinnere mich noch genau, hatte in der Gondel, auf dem Weg nach oben, wunderbar den Luis Trenker kurz vorm Lawinenabgang drauf und erklärte jedem grinsend, dass so ein Seilzug leider auch nicht mehr das ist, was er mal war; und ein anderer, netter Bursche aus Bayern mokierte sich häufig in der Sprache der Berge, dass er oben eine Kurve versaut hatte und nicht richtig in die Buckel eingefahren war. Ich fand das lustig, auch wenn ich wenig verstand.

Ich liebte meine Arbeit damals sehr, ich durfte viele Jahre als Reporter mit dem Zirkus reisen, wenn er seine Zelte irgendwo in den Alpen aufschlug. Ich mochte, ich schätzte die Menschen, sie waren jung, stark und ehrlich, und sie konnten, wenn wir am Abend beim Bier zusammensaßen, über die Weinerlichkeit eines Fußballspielers nur spotten. Sie renkten sich ihre ausgekugelten Schultern gegenseitig ein, und wenn der Daumen brach, wurde er mal eben mit Klebeband wieder in die richtige Stellung gebracht. Dann packten sie ihre Finger in dicke Handschuhe und schlugen damit im Rennen die Kippstangen weg.

Nie hörte ich sie klagen, sie wussten genau, was sie wollten.

An sie alle musste ich denken, an die Menschen mit Gesichtern, die weinen, strahlen, lachen oder einfach nur eine freche Fratze ziehen konnten, die der Gefahr trotzig entgegensahen; sie alle hatte ich liebevoll in meinem Kopf, als ich, ein halbes Jahr nach dem Treffen mit Herrn Russi, in Zauchensee vor einem österreichischen Berg stand. Als ich auf einen Plastiksack starrte, der hundert Kilo wog und einen Menschen darstellen sollte.

Ich konnte nicht glauben, was ich dort las: *Skifahrer, männlich, nach Sturz in einen Fangzaun rasend.* Das schrieb man auf den Sack, bevor man ihn mit schwerem, körnigem Sand füllte. Es hieß, die Versuchsreihe sollte später auch feminisiert werden.

Die kleine Gesellschaft zog schon am Morgen eine Spur schwatzhafter Geschäftigkeit durch den kleinen, gemütlichen Skiort, und ich vermute, sie bemerkten gar nicht, wie die Einheimischen heimlich die Köpfe schüttelten über diesen komischen Aufmarsch von ein paar Depperten aus der Stadt. Madame und Monsieur Frapier von Adic kamen aus Paris, Herr Bellutti von Bellutti aus Innsbruck, Herr Hübler vom Winterdienstprogramm Meingast aus Salzburg. Sie schleppten Plastikstangen, Schaumstoffmatratzen, Bohrgeräte, Netzrollen und den schwarzen Plastiksack einen Berg hinauf, bis sie eine tiefe, warme Mulde in der Frühlingssonne erreichten.

Der Ehrgeiz trieb sie, die Neugier und die Aussicht, Geld zu verdienen. Doch wenn der Pfarrer von Zauchensee sie bemerkt hätte, wer weiß, vielleicht hätte er sich ängstlich bekreuzigt, weil sie sich scheinbar mit keinem Geringeren als Gott anlegen wollten. Zumindest wollten sie die Physik herausfordern, so viel stand fest. Sie wollten Energien vernichten, Kräfte auffangen, Reißwerte berechnen, Stauchhärten, Maschenweiten, Bruchlasten, Massenverteilungen und Dehnungsfaktoren ermitteln, und, ach ja, sie wollten Menschenleben retten.

Es ging ihnen darum, Sicherheit zu verkaufen, an diesen schönen Tagen im April; eine Sicherheit in Metern, eine Sicherheit mit hohen Marktanteilen. Deshalb waren sie zum ersten Crashtest des Skiverbandes nach Zauchensee gekommen, um lange, glitschige Abweisplanen anzubieten oder dehnbare, dickmaschige Netze, die die Wucht des Aufpralls mildern und die Energie vernichten sollten, wie es Madame Frapier häufig entfuhr. Der Mensch müsse richtig absorbiert und wie ein Fisch gefangen werden, sagte sie. Schließlich habe es noch vor zwanzig Jahren ganz gewöhnliche Fischernetze an den Rennstrecken gegeben, manchmal auch nur ein paar Strohballen mit einer gespannten Wäscheleine darüber.

Madame Frapier und ihr schweigsamer Gatte hatten den Auftrag zur Sicherung der olympischen Abfahrtsstrecke von Val d'Isère zwar schon in der Tasche, doch man merkte gleich, hier ging es um mehr. Hier ging es vor allem um die Frage, welche Firma wohl am meisten auf dem Zaun hatte, um die Rennen der Zukunft zu sichern. Die Dame aus Paris war sehr hübsch, sie lächelte fast so versöhnlich wie die Sonne. Ihre Stimme war rau, wenn sie über den Hang hauchte, ich hatte mich ein wenig in sie verliebt.

Der Aufbau des Versuchs begann, sorgfältig und überlegt, und jeder durfte sich dabei auch seine eigenen Vorstellungen von Sicherheit aufbauen. Man schaute sich erwartungsvoll um. Mittlerweile waren noch drei stattliche Mannsbilder zu uns hochgestiegen, sie wirkten sehr kernig, wie man das in den Bergen nennt. Braune Gesichter, so ein Kreuz, die Augen hatten sie lässig hinter einer dunklen Brille versteckt, in denen sich die weißen Gipfel spiegelten. Sie hießen Messner, Steugler und Spieß und gehörten zum Subkomitee Alpine Pisten. Sie sprachen laut und wichtig, ich war beeindruckt.

Herr Bellutti von Bellutti rammte gerade schwerschnaufend seine ersten Stangen in den froststarren Boden, als Madame Frapier von Adic völlig entrückt ihren Theorien vom *Lambert'schen Kosinusgesetz* frönte. Natürlich wusste auch ihr Kollege aus Österreich, wie anständige Absorptionen gelingen und dass Geschwindigkeiten im Quadrat zuzunehmen pflegen, und doch: Er wollte nun endlich zeigen, was seine Firma so alles draufhatte, um eine Wiederholung der grässlichen Skiunfälle im letzten Winter zu vermeiden.

Aber es sollte nicht so recht klappen für Herrn Bellutti von Bellutti, als er den schweren Sack aus zwanzig Metern am Steilhang der Schwerkraft überließ. Das rasende Ding fetzte seinen Zaun nämlich mit einem solch gewaltigen Krachen fort, dass man glauben konnte, ein Torpedo hätte nur noch ein trauriges Häufchen elendig geknickter Stangen und eingerissener Netze übrig gelassen. Herr Steugler vom Subkomitee schrie kurz auf, er schien nicht sehr amüsiert darüber zu sein, was er dort sah. Er nahm sogar für kurze Zeit seine Brille ab und schimpfte in einem Dialekt, den ich nicht verstand, während ihm Monsieur Frapier mit dem Taschenrechner in der Hand klarmachte, dass da wohl mehr als 20 g im Spiel gewesen sein mussten und man normalerweise schon nach einem Aufprall von 5 g tot sei. Es klang nicht sehr beruhigend.

War das jetzt eine Vierfachtötung?, fragte Herr Spieß und scharrte mit seinen Bergschuhen im Schnee herum. Und Herr Messner meinte nur, man dürfe den Sack nicht mehr *von ganz obi einiwichsn* lassen. Dabei nahm er nicht mal die Brille ab, und Herr Steugler sagte plötzlich kein einziges Wort mehr.

Der Sack wurde wieder den Berg hochgezogen, eine Pistenraupe wuchtete heran und hakte ihn an einem langen Stahlseil ein. Er war jetzt nicht mehr männlich. Er war jetzt weiblich, nachdem man ihn zur plötzlichen Geschlechtsumwandlung um zwanzig Kilo Sand erleichtert hatte. Der Dieselmotor spuckte dunklen Rauch aus dem Auspuff der Schneekatze, man blickte ihr nach, ich hatte den Eindruck, einige von ihnen schickten ihr auch leise gemurmelte Wünsche hinterher. Der Himmel war ja nicht sehr weit.

Dann stellte Herr Hübler vom Winterdienstprogramm Meingast eine Abweisplane auf, sie flatterte im Wind, sie stand schief und sah erbärmlich hilflos aus, wenn man bedachte, was gleich mit ihr geschehen sollte. Auch Herr Messner hatte seine Zweifel, er sagte etwas, das wie *Da sticht man eini mit di Schi und bricht si die Haxn* klang, und schlitzte zum Beweis eine Plane mit dem Taschenmesser auf. Ein paar verrückte Abfahrer, meinte er grinsend, berührten diese Leitplanken trotzdem ganz bewusst, um sich damit ihren Schwung für die nächste Kurve zu holen. Ein Spiel mit dem Tod, sagte er.

Der nächste freie Fall klappte jedoch außerordentlich zufriedenstellend, wie Herr Steugler lächelnd bemerkte. Man war allgemein hocherfreut. Der Sack war ja nun leichter, eine strauchelnde Dame eben, und außerdem ließ man das Plastikding nicht mehr frontal, sondern aus einem spitzen Winkel in die Abgrenzung krachen. Der Zaun hielt, und Herr Spieß strahlte, das ist realistisch, rief er und schaute in lauter glückliche, aber ziemlich verdutzte Gesichter.

So stürzt der Rennfahrer richtig, sagte er, weil sich dann seine stürzende Masse besser verteilt. Deshalb müsse der Zaun lang sein, rief er, sehr lang, damit die Energien zu den Seiten hin verpuffen könnten, und als selbst Madame Frapier von Adic zustimmend nickte, sprach der Präsident des Subkomitees seine gewonnene Erkenntnis stolz ins immer griffbereite Diktafon.

Die kleine Gesellschaft versuchte noch sehr viel an diesem wunderschönen Wochenende in Zauchensee, und alle außer Herrn Bellutti von Bellutti schienen zufrieden, als sie ihr Fazit zogen; auch wenn keine der anwesenden Firmen eine Unterschrift unter einen neuen Vertrag bekam. Abends stieß man an, bei einem guten Glas Wein. Ich hoffte, sie tranken auf ihre große Ignoranz.

Ich war platt, wie der Sack am Ende des Tages. Ich staunte, ich war wütend, ich wollte, aber konnte meine Wut nicht zu Papier bringen. Ich dachte dabei wieder an diese Gesichter, die ich mochte, an die Geschichten, die ich kannte. An ihre verdammte Tapferkeit, an den freiwilligen Opferwillen, der die jungen Menschen, die fast noch Kinder waren, bei den Rennen so eiskalt die Berge herunterschießen ließ.

Ich dachte auch an andere, wunderbare Augenblicke, in denen ich mit Markus Wasmeier, Armin Bittner oder Katja Seizinger die Pisten hinunterfahren durfte.

Wir redeten viel damals, über den Tod, über das Glück, über das Geld, über die langen Schatten ihres Sports. Aber ahnten sie, dass man ihr Leben mit Sandsäcken aufwog?

SCHÖNER WEISSER DRECK

Die erstaunlichen Leben von Marc Girardelli, Armin Bittner und Katja Seizinger. Sie haben dem Schnee in ihrer Karriere viel zu verdanken. Aber er ist für sie oft auch Fluch und Segen zugleich.

Mal ganz ehrlich: Dass da ab und zu einer spektakulär stürzt, ist unsere Geschäftsgrundlage.

Patrick Ortlieb, Olympiasieger in der Abfahrt

Ich lernte Skifahrer kennen, die nur fürs Skifahren lebten. Manche konnten sogar sehr gut davon leben. Junge Menschen, die zehn Monate des Jahres im Schnee verbrachten und nicht mehr wussten, wann der Winter endete und der Frühling begann. Die kein Gefühl mehr für Jahreszeiten kannten und ihre Zehen schon wieder in harte, klobige Stiefel quetschten, wenn andere noch barfuß über die Wiese liefen. Die auf Freunde, auf Liebe und häufig auch auf diese wunderbare Freiheit, seine Zeit selbst zu bestimmen, über Monate verzichten mussten.

Ein Rennläufer sagte mir mal bei einem Bier, als sich die Novemberdunkelheit bereits um vier Uhr nachmittags schwer über den Gletscher legte, manchmal könne er den *schönen weißen Dreck* da draußen einfach nicht mehr sehen. Er sagte das nicht. Er schrie es beinahe heraus, und dabei füllten sich seine Augen mit Tränen. Zwei Jahre vorher war er bei einem Rennen ganz knapp dem Tod entronnen.

Was kann denn der Schnee dafür?, dachte ich und fand es doch ein wenig ungerecht, ihn dermaßen zu beleidigen.

Oft erinnere ich mich bis heute an sie, diese vielen jungen Skirennläufer, mit Bildern, mit Worten, wie an einen Film, in dem gelacht, geweint, verloren und gewonnen wird, in dem Stürze passieren, die du nie mehr vergessen kannst. Marc Girardelli zum Beispiel, der sich fast alles gebrochen hatte, was man sich brechen kann, wenn einer wie der Teufel fährt. Er musste achtzehnmal unters Messer, und mit zwanzig Jahren verdrehte er sich sein linkes Knie so stark, dass er sich selbst als Krüppel bezeichnete. Weil er sich sämtliche Bänder gerissen hatte, die in der Anatomie an dieser Stelle zu finden sind. Er schluckte Tabletten, er ließ sich Schmerzmittel spritzen, er biss die Zähne zusammen und wurde trotzdem zu einem der besten Skiläufer aller Zeiten.

Ein Kerl, der vor Kraft und Ehrgeiz barst, der seinen Körper quälte, nur um zu siegen, und ihn bis an die Grenze des Wahnsinns schinden konnte. Als trotziger Pimpf in Vorarlberg wollte er, vorlaut, unsterblich natürlich, keine blöden Bögen mehr fahren, sondern sich gleich im Schuss den Hängen übergeben.

Er stellte sich schon früh jedem in den Weg, der ihn daran hindern wollte, eines Tages berühmt zu werden, und dabei wusste er seinen Vater Helmut stets an seiner Seite. Sie legten sich mit dem Skiverband an, es ging um Geld, Selbstachtung und Eitelkeiten. Sie wechselten nach Luxemburg und konnten sich dort zu einer großen Macht heraufschnöddern. Marc war der einzige ernsthafte Rennfahrer des Landes, und Vater Helmut nahm sich die Freiheit, seine Zigaretten bei Mannschaftsführersitzungen im Hotelteppich auszudrücken. Ich saß staunend daneben.

Sein Sohn Marc liebte den Winter, aber er hasste ihn manchmal auch, und er achtete die Gefahren, obwohl er sie rotzfrech herausforderte. Er wusste, dass er dem Winter sein Leben zu verdanken hatte. Wie oft hofften die Gegner, dass er nicht wiederkam, wenn er wieder mal mit einem dicken Gips im Krankenhaus lag? Doch jeder hatte Respekt vor seiner Leistung, seinem Willen, dieser dreisten Tapferkeit, das Schicksal regelmäßig auszulachen. Er wurde vierfacher Weltmeister, obwohl er sich kaum mehr bücken konnte, um die Stiefel festzuzurren. Seine Mutter führte in Österreich ein Hotel, sie konnte vor dem Fernseher oft gar nicht hingucken, wenn er in Kitzbühel die *Streif* am Hahnenkamm herunterrüttelte und seinen kaputten Körper noch mehr quälte. Marc Girardelli gewann dort die Abfahrt, was ihn wirklich unsterblich und so ganz nebenbei auch zum Millionär machte.

Nach dem Ende seiner Laufbahn traf ich ihn in Bottrop, ausgerechnet. Nicht weit weg von der Autobahnbrücke im Köllnischen Wald. Er hatte auf einem kleinen, na ja, Berg, den die Zechen in langen Jahrzehnten aus ihren Stollen gespuckt hatten, eine Skihalle mit Kunstschnee gebaut. Ein schlängelndes Ungeheuer aus Stahl und Beton, fünfhundert Meter lang. Einfach so. Weil er an diesen Traum glaubte, weil er ihn sich nicht verbieten lassen wollte, obwohl ihn die Umweltschützer für verrückt erklärten.

Die Grünen im Rathaus wollten diese ökologische Sauerei, wie sie es nannten, unbedingt verhindern. Aber Marc Girardelli wusste die wirklich wichtigen Leute der Stadt hinter sich, er liebte den Ruhrpott, die ehrliche Arbeit, die freche Klappe, und bevor er oben für die weiße Pracht sorgte, ging er tief unter Tage. Um das schwarze Gold zu fühlen, das schon damals immer weniger wert wurde. Er sprach jeden mit Kumpel an, die Jungs auf dem Pütt kamen gut klar mit ihm. Einer wie wir, sagten sie.

Dann kämpfte er sich durch die Paragrafen der Behörden, durch Machbarkeitsstudien und wiederholte diesen Sprachwurm immer wieder gern: das Gebietsentwicklungsplanänderungsverfahren. Er kämpfte so lange mit dem sprachlichen Ungeheuer, bis er den Winter in die Halle geholt hatte.

Ich will euch die Berge nach Hause bringen, sagte er, und er sagte es mit großer Überzeugung. Obwohl ihn viele für völlig bekloppt erklärten. Er wollte mit einem falschen, unechten Winter Geld verdienen, den Schnee verramschen, und dabei sollte Bottrop auf seiner eigenen Kohle Ski fahren können. Aber laut sagte er das natürlich nicht.

Irgendwann hörte ich, dass er nach einigen Jahren gescheitert war und die Skihalle wieder verkaufen musste. Ich fand, das passte zu ihm, sein Leben schien genauso zu verlaufen wie seine Karriere. Nach jedem Berg kam das Tal, und als mich dann auch noch die Nachricht erreichte, dass schon lange vorher das Hotel seiner Familie in Bödele bis auf die Grundmauern abgebrannt sei, empfand ich das als eine Tragik, die nichts ausließ. Es hieß, alle seine Trophäen wurden ein Raub des Feuers.

Es gab viele solche Geschichten in der Skiwelt, immer wieder, tragisch und verstörend, und ich saugte sie auf, gierig, hastig, mit Ehrfurcht und Bewunderung. In dieser Haltung, dieser Stimmung und mit Respekt führte ich viele Gespräche mit denen, die vom und mit dem Winter leben. Ich führte sie mit Markus Wasmeier aus Schliersee, Pirmin Zurbriggen aus Saas-Almagell im Kanton Wallis oder Armin Bittner aus Krün im Werdenfelser Land.

Sie alle pflegen bis heute die Wurzeln einer Tradition, und viele von ihnen stolpern nur selten darüber. Sie lieben die Berge, ihre Heimat, den Glauben an das Wetter, natürlich, und ein ordentlicher Winter gehört für sie dazu wie der fingerhakelnde Gaudibursch und das krachlederne Mannsbild beim sonntäglichen Maßkrugstemmen. Sie haben das Skifahren gelernt, bevor sie richtig laufen konnten. Sie nehmen jede Lawine als eine Strafe Gottes hin, sie schließen den Winter in ihre Gebete ein, aber wenn es darum geht, die Vorteile ihrer Heimat zu nutzen, kennen sie keine Gnade mit der Natur. Ich hörte ihnen so oft zu, und ich verstand sie nie.

Mit Skifahren kenne ich mich aus, sagte Armin Bittner lächelnd zu mir, laut, beharrlich; und manchmal schloss ich dann die Augen, weil ich glaubte, Rosi Mittermaier käme gleich von ihrer Winklmoosalm herunter aus ihrer schönschneebedeckten heilen Skiwelt. *Hoast mi?* Als man dem Bittner Armin nach seiner Silbermedaille bei der Weltmeisterschaft in Vail einen bezahlten Wagen der Sporthilfe vor die Tür stellen wollte, soll er in sich hineingeknurrt haben: Ich brauch keinen Audi, ich brauch meine Ruhe.

Wir haben doch die Alpen, sagte er, und als er das sagte, wirkte er selbstbewusst, fast frech und überheblich. Wir haben die weiße Pracht gepachtet, im Bauch, im Kopf, in unseren Herzen. Wir streuen schon im Kindergarten feinen Zucker über die Gipfel, wenn wir sie malen wollen. Wir singen, dass die Flocken fliegen, und wir singen in der Kirche, in der Schule, vor dem Tannenbaum. Ja, so ähnlich klang es, nachts, als unsere Bierkrüge gegeneinanderstießen.

Winter ist Winter ist Winter. Und wenn er mal nicht kommt, der Winter, kommt er eben aus der Kanone, versicherte mir der Bittner Armin, als die Nacht noch weiter voranschritt. Ich notierte es mir unter dem Tisch, ja, der kernige Naturbursche sah das sehr gelassen, und schon gar nicht sorgte er sich um seine schöne, vermeintlich heile Umwelt. Einmal durfte ich mit ihm in Garmisch einen grausam steilen Hang fahren, der auch noch *Hölle* hieß. Es lag wenig Schnee damals, überall stachen spitze Steine durch die Piste, und wir kratzten über einen Teppich aus Chemie, der härter als Beton war.

Aber, ach was, *des is a Schmarrn,* schimpfte Armin Bittner, als ich versuchte, ihm ein paar kritische Fragen zu stellen. Der Schnee ist doch viel fester, raunte er mir nach unserer Abfahrt im schummrigen Herrgottswinkel einer Wirtsstube zu, und außerdem schützt dieses künstliche Weiß das Gras darunter vor den scharfen Kanten. *Hoast mi?* Nein, ich hatte ihn nicht, ließ mir aber nichts anmerken und packte schweigend meinen Block weg. Ich hatte in meinem Reporterleben gelernt, Naturburschen grundsätzlich nicht zu widersprechen.

Doch viel mehr bewunderte ich es, wenn jemand den Winter zuerst suchen musste, um von ihm zu leben, mit ihm zu leben. Wenn er nicht mit dem Blick auf irgendwelche hohen Berge geboren wurde, die Matterhorn, Großglockner oder Zugspitze heißen. Wenn ihm der Winter eben nicht vor die Haustür gelegt wurde. Katja Seizinger war so eine, die den Winter nun wirklich nicht geschenkt bekam. Doch als sie ihn fand, wurde sie sehr glücklich mit ihm und, fast nebenbei, die erfolgreichste deutsche Skifahrerin.

Als sie mir ihre Geschichte erzählte, ging mir gleich mein Bottroper Herz auf. Sie kam in Datteln zur Welt, einer Stadt im Norden des Ruhrgebiets, und dort etwas zu finden, das auch nur im Entferntesten wie ein Berg aussieht, ist fast unmöglich. Doch nicht weit von ihrem Städtchen gibt es die Holtgarde von Oer-Erkenschwick, 109 Meter, immerhin. Höher jedenfalls als meine geliebte Autobahnbrücke im Köllnischen Wald.

Dort hat die kleine Katja den ersten Schnee ihres Lebens gesehen. Sie lag bäuchlings, aber sehr behaglich auf dem Schlitten, den die Eltern zogen, und es konnte ihr schon damals nicht schnell genug gehen. Katja guckte glücklich in die weiße Gischt, die ihr von den Kufen entgegenspritzte.

Da hat es sie wohl erwischt, erzählte sie mir. In ihrer Kindheit sah sie nur wenig Schnee, er war so selten, dass sie ihn oft vermisste. Doch die Berge um sie herum sollten mit den Jahren höher werden, sie wuchsen mit ihrem stillen Wunsch, eines Tages ganz toll mit den Skiern die Hänge hinunterzufahren.

Später zog sie mit ihrer Familie nach Lübbecke, weil der Vater dort eine neue Arbeit angenommen hatte. Der Berg wurde zwar höher, aber Markus Wasmeier hätte über einen so krummen Buckel sicher nur gelacht. Er hieß Heidbrink und stieß mit seinen 319 Metern so zaghaft durch die norddeutsche Tiefebene, dass man ihn wirklich nicht sehr ernst nehmen konnte.

Da stand es also, das zweijährige Mädchen aus dem Ruhrpott, und kurvte im Schneepflug um die hart gefrorenen Maulwurfshügel auf der Wiese von Obermehnen herum. Das letzte Stück nahm sie immer im Schuss, auch wenn ihre Mutter schimpfte; unten am Weidezaun, der im Sommer wegen der Kühe elektrisch geladen war, drehte sie sich um und stapfte wieder hoch. Den ganzen Tag, frierend, tapfer, mit einem unglaublichen Mut zum Risiko, der jeden staunen ließ, am Nordhang des Wiehengebirges.

Da hat ihre Liebe zum Schnee begonnen. Erst später wurde ein Hang zum Wahnsinn daraus.

Im Winter fuhr sie mit ihrer Familie über Weihnachten nach Frankreich, in die Schweiz, und nur ihr Bruder konnte noch einigermaßen mithalten, wenn sie sich die Berge hinabstürzte. Der Rest klebte ängstlich am Berg, der Papa kommt aus Düsseldorf und die Mama aus Schlesien, da saugt man das Skifahren nicht gerade mit der Muttermilch auf. Sie waren am frühen Morgen auf der Piste, sie stoben durch das frische Weiß, und Katja begann ein waches Gespür für jede Art von Schnee zu entwickeln, das später für sie so wichtig wurde. Als sie damit Geld verdiente.

Aber sie kam noch näher an die Berge heran. Der Vater sollte irgendwann ein Stahlwerk vor der Pleite retten und zog mit seiner ganzen Sippschaft in den Odenwald. Der Katzenbuckel ist dort die höchste Erhebung, die Menschen in den Dörfern nennen ihn so, seit sie denken können, weil sie durch ihn an den Rücken einer Katze erinnert werden. 626 Meter! Endlich dauerte es ein paar anständige Minuten, bis sie unten war. Im Verein Skizunft nahm dann alles richtig Fahrt auf, die Sache bekam Schwung, wie Katja Seizinger heute noch behauptet.

Jetzt war es nicht mehr weit zu den Kinderrennen am Wochenende, im Schwarzwald, im Allgäu oder, egal, sonst wo. Wenn die Seizinger anrauschte, war der Neid oft groß bei denen, die morgens mit Blick auf ihre gewohnten Zweitausender aufwachten. Diese freche Göre aus dem Ruhrpott. Fährt die ganze Woche über kaum Ski, sagten sie, und räumt dann bei uns die Pokale ab. Geschlagen von einer aus dem Flachland, ich glaub, ich werd narrisch, riefen sie oder so ähnlich.

Doch Katja Seizinger siegte stur und glücklich weiter. Sie wusste ganz genau, dass sie nur eine kurze Zeit lang beruflich auf den Brettern stehen wollte, die für viele andere aus den Bergen so sehr die Welt bedeuten. Mit fünfzehn Jahren wechselte sie auf das Skigymnasium Hohenschwangau bei Füssen, wo sie das Abitur mit einem Notendurchschnitt von 1,6 ablegte; obwohl sie mit der Erlaubnis des Schuldirektors an zwei Dritteln des Unterrichts gar nicht teilgenommen und stattdessen nach dem Training in irgendwelchen muffigen Hotelzimmern gebüffelt hatte.

Ihr Winter dauerte fast 250 Tage, überall auf der Erde, in den Alpen, Rocky Mountains, Anden oder Pyrenäen.

So lange, so oft war sie unterwegs, im Auto, im Flugzeug, auf den Pisten, in den engen, einsamen Räumen ihrer Unterkünfte.

Sie studierte Betriebswirtschaft an der Fernuniversität Hagen, zäh, standhaft, oft nur noch mit müdem Ehrgeiz. Zwischen Schlafen, Reisen, Essen und Essen, Reisen, Schlafen. Dann legte sie nach ihrer sportlichen Laufbahn als Diplomarbeit eine steuerliche Partialanalyse vor, für die sie eine glatte Eins bekam. Sie hatte neun Jahre dafür gebraucht, sagte sie lächelnd, und schuld daran war nur der Schnee.

Sie verfluchte den Winter, wenn sie sich im Schneesturm auf dem Gletscher gegen den eisigen Wind krümmte. Sie liebte den Winter, wenn sie unter blauem Himmel über seine weißen Kissen sprang. So gesehen ging es ihr wie jedem anderen Skifahrer auch.

Das Mädchen aus Datteln gewann 36 Weltcuprennen, wurde Weltmeisterin und holte drei Goldmedaillen bei Olympia. Niemals mehr gab es jemanden, der so weit weg von den hohen Bergen lebte und trotzdem so erfolgreich war. Der statt Gipfel mächtige Fabrikschlote sah und jede kurze Wiese dazu nutzte, um sich seinen Traum zu erfüllen. Der Winter kam nicht zu ihr, sie musste ihn suchen. Irgendwie hat er sich immer vor mir versteckt, sagte sie, und dann fügte sie sehr leise hinzu, dass sie häufig auch ein Opfer ihres großen Eifers wurde.

An einem Februarmorgen im Jahr 1992 saß ich mit ihr in Méribel vor einer Skiwerkstatt. Wir tranken Kaffee aus Tassen, an denen dicke Milchschlieren hafteten, und ließen uns zufrieden von der Sonne über den französischen Bergen streicheln. Katja Seizinger wirkte ruhig, geradezu gelassen, was mich doch wunderte, weil ihr in einer Woche zwei Milliarden Menschen bei der Arbeit zuschauen würden. Dann wollte sie, dann sollte sie gefälligst die olympische Abfahrt von Albertville gewinnen. Jeder erwartete es von ihr, weil sie zu der Zeit die Beste auf der Welt war.

Wir sprachen über das Siegen, ihre Ansprüche, über den bitteren Drang nach Anerkennung. Wir stritten über das Glück, den Verzicht, das Einreißen von Mauern und darüber, die ständige Angst vor einem Sturz zu überwinden. Es war ein tiefes, ernstes Gespräch, und später, als sich die Sonne hinter die Gipfel verkroch, redeten wir noch über eine Heimat, die wir beide so sehr lieben. Über die frechen Schnauzen im Ruhrgebiet, die ehrlichen Leute und die Seele einer Landschaft, die zwar kaum Winter kennt, aber viel Wärme im Umgang mit Gerechtigkeit.

Es war ein wunderbarer Nachmittag. Katja Seizinger hatte sich genug Zeit für ihre Vergangenheit genommen, ich glaube, sie war sogar ein wenig froh, die nächste Zukunft zu verdrängen. Wir lächelten uns an, wir schwiegen später in den Abend hinein, Datteln und Bottrop verstanden sich auch ohne große Worte. Sie war so überhaupt kein Star, freundlich, höflich, gescheit, nicht abgehoben, und kein nerviger Manager, der uns ständig dazwischenquatschte. Wir gingen ein Eishockeyspiel mit den Deutschen gucken, dann nahmen wir Abschied wie zwei Freunde. Wir schienen uns sehr nahe, und wir sprachen die Sprache einer gemeinsamen Herkunft.

Nur ein paar Tage danach sah ich sie wieder. Da war sie mir fremd und kalt und sehr weit weg.

Ich erblickte sie, als sie mit ihren Brettern auf den Schultern wütend durch den Zielraum stapfte. Die Welt schaute gerade auf sie, aber sie guckte ganz woandershin. Sie wirkte mürrisch, erschöpft, sie trug das Gesicht einer alten Frau, obwohl sie erst neunzehn Jahre alt war. Ihr Blick huschte hilflos über die Menschen am Zaun. Da draußen musste ihre Mutter stehen, in der Nähe des Plakats vielleicht, das *unsere Katja von der Skizunft Katzenbuckel* grüßte. Da draußen irgendwo trocknete sich die Mama ein paar Tränen der Enttäuschung ab. Eingezwängt zwischen gellenden Kanadiern, die stolz den Sieg ihrer Kerrin Lee-Gartner bejubelten. Hin und her geschoben, im schäbigen alten Skianzug ihrer Tochter, weil sie keinen Platz auf der Tribüne bekommen hatte.

Katja Seizinger wollte, sie sollte siegen, aber jetzt fühlte sie sich ohnmächtig eingesperrt im Gefängnis ihrer Gefühle. Sie funktionierte nur noch, selbst ihre Schritte wirkten traurig, und dann musste sie auch noch am dichten Gehege der lauernden Reporter vorbei, die einen so gern zum Schlachtopfer machten. Seizinger! Vierte!

Kein Gold! Nur Blech! Ich winkte ihr zu, als sie kurz hochschaute. Aber ihr Blick war leer, ich glaube, sie erkannte mich gar nicht, und ich dachte nur, vielleicht will sie dich auch gar nicht mehr kennen.

Sie wusste sicher, was auf sie zukam, sie ahnte die Schlagzeilen in den Zeitungen, die gemeinen, hämischen Überschriften, die sie als Vierte zum Versager machten, und sie atmete noch mal kräftig durch, bevor sie durch das Spalier der rufenden Meute schlich. Katja Seizinger setzte eine schlecht sitzende Maske auf, die ihre Trauer mit Gleichgültigkeit verdecken sollte, aber ich fand, sie spielte ihre Rolle kläglich. Hol mich raus, Mama, schien sie zu sagen, ich gehöre hier nicht hin. Lass bitte wieder Urlaub sein. Lass uns wieder Schneeballschlachten machen und wie damals auf den Skiern um die Wette fahren.

Dann aber stellte sie sich doch geduldig den Fragen der deutschen Reporter. Sie prasselten auf sie ein wie ein Gewitterregen im Sommer. Katja Seizinger duckte sich, sie starrte müde in die Mikrofone, und sie sprach davon, dass sie ihren Ärger über den schlechten Schnee nicht richtig definieren könne. Dass die Strecke zu schwer gewesen sei bei diesem Wetter und, und, und. Fast wirkte es so, als würde sie sich schutzlos verirren auf ihrem schweren Weg zu guten Gründen.

Hasst du den Schnee jetzt, hätte ich sie gern gefragt, bist du ihm böse? Aber ich kam, sosehr ich mich bemühte, im Pulk ihrer Henker nicht nah genug an sie heran.

Ich sah hinauf zur Zeittafel, wo nun alle Ergebnisse des Rennens standen. Sie blinkte rot, eindringlich und sehr endgültig im sturen Trübsinn dieses düsteren, wolkenschweren Tages. 1.52,55, 1.52,61, 1.52,64, 1.52,67. Zwölf Hundertstelsekunden lagen zwischen der Siegerin und Katja Seizinger, zwei, drei Lidschläge vielleicht, vierzig, fünfzig Zentimeter, die ihre Skispitzen später im Ziel waren. Eine lächerliche Winzigkeit hatte über ihr Glück, ihre Wut und über ihr Geld entschieden. Hey, Katja, gratuliere zum vierten Platz, rief ihr ein Bekannter über den Zaun hinweg zu. Schön, dass du das sagst, antwortete sie, lächelte verlegen und ließ sich weiter durch das Spalier der gnadenlosen Meute schubsen. Sie musste ins Fernsehstudio, zum Trainer, zur Dopingkontrolle. Plötzlich war ihr wieder klar, was man von ihr erwartete.

Zwei Stunden später konnte ihre Mutter sie endlich in die Arme nehmen. Es wurde eine Umarmung für lange, stille Minuten. Ich wagte nicht zu stören, ich blieb weit weg von ihnen stehen, ich hatte dort wirklich nichts zu suchen. Sie weinte fassungslos, riss sich die Maske herunter und verlor ihre miserabel gespielte Beherrschung. Ich hatte das Gefühl, dass ihre Mutter diesen Augenblick sogar genoss, als sie beide dort einsam dampfend im Schneematsch standen. So dicht und liebend verschlungen, dass sie das Salz ihrer Tränen gegenseitig schmecken mussten.

Dann kam der Vater dazu. Er war mit einem Freund den Berg heruntergefahren, und als ich ihre lauten, gelösten Stimmen hörte, ging ich doch ein wenig näher heran. Ihre Enttäuschung schien jetzt ganz langsam in eine verkrampfte Heiterkeit umzuschlagen, und ich konnte ein paar Sprachfetzen, die mir der Wind herüberwehte, aufschnappen, zusammensetzen.

Komm, Katja, lass uns auf die Piste gehen, rief der Vater. Weißt du, so wie früher.

Ja, sagte sie, so wie früher.

Ja, sagte die Mutter, so wie früher.

Dabei kniffen sie sich, lachten albern, küssten sich auf die kalten Wangen und waren gerade eine völlig normale Familie, die mal im Ruhrgebiet gelebt hatte und es gewohnt war, den Winter zu suchen. Jetzt hatten sie ihn vor sich, jetzt wollten sie ihn einfach nur genießen, und die Welt sollte dabei gefälligst außen vor bleiben.

Dann ließen sie sich vom Sessellift in das leise Glück eines vertrauten Nachmittags ziehen, und wie tröstlich, dachte ich: Den lauten, spritspuckenden Motorschlitten bemerkten sie gar nicht erst, der die weiße Siegertreppe zur Lagerhalle der Rennstrecke schleppte. Der Weg war holprig, der Motor zitterte, und gerade fiel die Zahl *Eins* herunter. Lag da, verlassen, im Schnee. Den Anblick vergisst du nie.

Noch viele Jahre verfolgte ich die große, bemerkenswerte Laufbahn von Katja Seizinger; und weil sie schaffte, was bis heute keiner anderen Frau auf Skiern gelungen ist, bewunderte ich sie schon sehr. Sie gewann in Lillehammer 1994 doch noch die olympische Abfahrt und konnte ihren Triumph nach vier Jahren in Nagano sogar verteidigen. Irgendwo las ich von ihr, als sie ein echter, würdiger Star wurde, wie sie von den starken Fliehkräften schwärmte, wenn man mit hundertdreißig Sachen durch die Kurve kratzt und dabei sauber auf der Kante bleibt.

Nicht schlecht für ein Mädchen, das Skifahren auf ein paar lausigen Hügeln lernte, entschied ich damals, als ich die Zeitschrift zuschlug und mir die Bilder von Frankreich zurückholte. Dann schrieb ich mir einen Satz auf, den ich immer mal wieder für meine Geschichten benutzen konnte. Ich hatte ihn in einem anderen Artikel über sie aufgeschnappt. Mut, notierte ich, hat immer auch mit Zumutung zu tun.

Katja Seizinger ging zielstrebig ihren Weg, als sie die Bretter abschnallte. Ihr Vater bildete sie in einigen seiner Abteilungen bei den Badischen Stahlwerken aus, wo sie sich um alles kümmerte, was kein Blech ist und im Beton verschwindet, wie sie selbst über sich sagte. Seit einiger

Zeit sitzt sie als Vorsitzende im Aufsichtsrat einer Tochtergesellschaft und verantwortet mit ihrem Bruder eine Unternehmensgruppe mit dreitausend Mitarbeitern und Umsätzen in Milliardenhöhe. Irgendwie bin ich sehr stolz auf sie, als wäre sie meine eigene Tochter.

Sie hat weiterhin im Leben gesiegt, doch sie hätte keinen Schnee, keinen Winter, keine Angst, keine Gefahr, keinen Verzicht und keine schweren Brüche gebraucht, um erfolgreich zu werden. Sie ist auch so eine Gewinnerin geworden.

Aber bestimmt weiß sie ganz genau, was sie dem schönen weißen Dreck zu verdanken hat.

KALTSCHNÄUZIG IN LAPPLAND

Eine eisige, melancholische Huskytour am nördlichen Polarkreis. Hunde, die immer nur rennen wollen. Als ich nachts friere, schneide ich ihnen ein wenig Fell ab und stopfe es mir frech und undankbar zwischen die Zehen.

Nichts Nervenerfrischenderes weiß ich,
als in weißer Winterdämmerung
so dahinzuwandeln im wirbelnden Geflocke.
Es ist Natur, die gleichsam vom Himmel fällt –
still und rein, wie es nichts Reineres gibt
auf Erden.

Peter Rosegger, Poet

Ich liebte meinen Hund. Er war ein treuer Freund, er brachte, na klar, das Stöckchen zurück. Aber man merkte ihm dabei an, dass ihn so gemeine Aufgaben völlig unterforderten. Fast schaute er mich beleidigt an, wenn er mir das Holz verächtlich vor die Füße warf. Ich ahnte, dass es unter seiner Würde war, und er guckte dann wie drei Tage Regenwetter.

Den Blick kannte ich gut. Als Welpe hatten wir ihn gleich nach dem Kauf mit zaghafter Androhung von Gewalt in die Badewanne gesteckt. Weil er auf einem Bauernhof geboren wurde und keine Möglichkeit ausgelassen hatte, sich in den übel riechenden Hinterlassenschaften der Rindviecher zu suhlen. Nach der Dusche mied er Wasser wie die Pest, ich hatte ein so schlechtes Gewissen, dass ich mich am liebsten selbst beim Tierschutzverein angezeigt hätte. Meine Familie hielt mich jedoch davon ab. Wer soll denn mit dem Hund gehen, Papa, fragte mein jüngster Sohn, wenn du in den Zwinger musst? Er sagte das sehr ernsthaft.

Der Hund wollte lernen, verstehen, gehorchen, uns gefallen, seine Rasse verlangte es von ihm. Doch zu oft lernte er nur, wie wir uns stritten und Herrchen und Frauchen sich die Zähne einer Ehe zeigten. Da wir das, zugegeben, nicht gerade selten machten, gingen bei Nala regelmäßig die Instinkte durch, weil das nette, liebe Mädchen ein Border Collie war und ihr starker Hütetrieb sie dazu nötigte, ihre Herde dauerhaft zusammenhalten. In solchen Fällen drehte Nala völlig durch.

Niemals werde ich vergessen, wie ich mit meiner damaligen Frau während eines Winterspazierganges in einen heftigen Streit geriet und wir mit jeweils einem unserer Kinder am Arm wütend das Weite suchten. Die eine links, der andere rechts, mitten auf einem hart gefrorenen Kartoffelacker. Trostloser hätte die Lage nicht sein können, Wind, Kälte, Hagel, die uns in die Gesichter klatschten, und das riesige Feld hatte auch nicht mehr zu bieten, als dass man über ein paar Erdklumpen stolpern und sich der Länge nach hinlegen konnte.

Die Jungs jammerten, ihre Eltern zankten sich weiter, und ich glaube, Jonas und Simon fragten sich gerade, wer hier eigentlich die kleinen Kinder waren. Mama und Papa stänkerten sich an, und unser kleiner, unschuldiger Wadenbeißer jaulte so unfassbar laut, als müsste er gerade jetzt beweisen, dass er vom Wolf abstammte. Nala rannte in großen Kreisen um ihre zersprengte Herde herum, sie wurden größer, je weiter wir uns entfernten. Sie bellte, sie winselte, sie kläffte, sie japste, und ich vermute, wäre sie ein Mensch gewesen, hätte sie uns auf der Stelle zur Sau gemacht. Wir spielten mit den Gesetzen ihres Wesens, doch wir beiden sturen Hunde wussten, das hatte unser wunderbares Tier nicht verdient.

Nala guckte verzweifelt, hektisch, verwirrt, sie wollte doch so gern ihre zänkische Mischpoke zusammenhalten und uns den Schutz gewähren, für den diese Rasse irgendwann einmal gezüchtet wurde. Ich zückte mein Telefon, rief meine zornige Gattin an und schloss dem Hund zuliebe wieder Frieden. Nala dankte es uns sehr, abends leckte sie mir meine Füße vor dem Sofa ab. Meine Frau schaute eifersüchtig herüber.

Aber ich fand, irgendwas hatte dieser Hund, das ihn ständig traurig gucken ließ. Die Augen zeugten von Sehnsucht und Verlangen, wenn er sie beim Dösen im Körbchen aufschlug. Es war sicher mehr als diese gespielte Melancholie, die jeder Hund vorzüglich beherrscht, um beim Füllen seines Napfes wie kurz vorm Verhungern zu wirken. Ich glaube, Nala hätte bestimmt mehr Freiheit gewollt, Zäune, über die sie hätte springen können, statt die hohe Hecke unseres Gartens anzustarren. Hunde, die wie Wölfe heulen, wollen sicher mehr.

Als ich eines Tages nach Lappland fuhr, sah ich dort nur glückliche Hunde. Sie heulten freudig, sie dampften und sabberten in den stumpfen Schnee, weil sie gleich einen Kerl von neunzig Kilo auf einem Schlitten durch die Wildnis schleppen und sich in der Nacht vor der Hütte in den Bodenfrost kuscheln durften.

Sie leckten über die Kälte und wussten, wie Freiheit schmeckt, und sie konnten es gar nicht erwarten, sich zu quälen. Sie waren keine Hunde, wie man sie aus dem Garten eines Reihenhauses kennt. Keine Tiere, die den Menschen nur gefallen wollten.

Ich freute mich sehr auf sie.

Doch ich hatte eine harte Woche für meine Huskytour erwischt. Es herrschten am Tag um die zwanzig und nachts fast vierzig Grad minus. So kalt war es schon lange nicht mehr im März, sagten die Samen und freuten sich, dass wenigstens die Sonne wieder länger schien. Ich konnte meine Kollegen aus Hamburg am Telefon fast grinsen hören, als ich ihnen davon erzählte. Keiner hatte sich für den Job gemeldet, ich durfte, ich wollte, und das hatte ich nun davon.

Als wir in dem bitterkalten Kaff Kittilä aus dem Flugzeug stiegen, stießen der Fotograf und ich gegen eine Mauer aus trübem, unbarmherzigem Frost. Sie tat beinahe weh, als wir gegen sie prallten. Keiner hatte uns gewarnt, was uns dort erwartete. Keiner hatte uns gesagt, dass Kälte schmerzen konnte. Wir wussten nicht, dass sie Frostbeulen machte, dass sie Zehen taub werden ließ, und wir ahnten auch nicht, dass sie wirklich beißen konnte. Ich hatte immer darüber gelacht, doch jetzt spürten wir, wie sie nach unseren Gesichtern schnappte. Ich dachte an mein Wasserglas im Klofenster, es wäre in Sekunden gefroren gewesen.

Plötzlich fing der Fotograf an zu weinen, ich weiß es noch wie heute. Er heulte wie ein kleines Kind, und ich fürchtete schon, dass ihm die Tränen als hässliche kleine Pickel an den Backen kleben bleiben würden. Ich war erstaunt, denn Walter war als ziemlich harter Hund bekannt. Er hatte die ganze Welt bereist, hatte hinter der Front den Schmutz von Kriegen geschluckt und nur knapp einen Bombenangriff in Beirut überlebt, bei dem das halbe Hotelzimmer zerfetzt worden war; ja, ich wunderte mich schon, dass er nun hier ängstlich schlotternd vor mir auf dem Flugplatz stand und herzzerreißend flennte.

Ich hätte nie gedacht, dass es so kalt sein kann, sagte er und schlurfte dick verpackt in die Ankunftshalle des Flughafens. Neben der Tür hing ein Thermometer, 32 Grad minus, das Röhrchen war mit Reif überzogen.

Vor uns lag eine lange, ruppige Strecke. Wir holperten über den starren Schlamm eines Weges, der durch dichte weiße Wälder führte. Es blies heftig durch die Türen des Geländewagens. Wir zogen alles übereinander, was wir so aus den Rucksäcken raffen konnten, trotzdem kroch uns die Kälte bis in die Knochen. Der Fahrer redete in schlechtem Englisch auf uns ein, ohne ernsthaft Luft zu holen. Dabei richtete er die Wärmedüsen der Heizung auf seinen mächtigen Körper, er meinte wohl, wir sähen es nicht.

Die ganze Zeit machte er auf dicke Hose, ich glaube, er hatte häufig Gäste, denen er einen Bären aufbinden konnte. Ihr werdet Eiswürfel pinkeln, raunte er und drehte wieder zu seinen Gunsten an der Lüftung, ihr werdet vor Kälte in der Sauna schlafen, glaubt mir, ihr werdet noch bereuen, dass ihr geboren wurdet. *Kakka,* rief er, *kakka,* später erfuhren wir, dass sein Schimpfwort genauso exkrementisch gemeint war, wie wir vermuteten.

An seinem Pullover prangte ein Aufnäher, auf dem wir »I did it« lasen. So viel war klar, er war ein verdammt harter Kerl.

Am nächsten Morgen wurde es noch kälter, 37 Grad minus, und Walter wollte gleich wieder abreisen. Er trat vor das Haus, in dem wir die Nacht verbracht hatten, er hüpfte wild herum. Doch sobald er stehen blieb, froren die Gummisohlen seiner klobigen Stiefel im Schnee fest. Mach du die Bilder, meinte er, dann lächelte er gequält, aber ich hatte den Eindruck, dass er sich langsam mit seinem Schicksal zu versöhnen begann. Mir ging es auch nicht viel besser, und ich streifte das dritte Paar Wollsocken über meine komatösen Zehen. Sie fühlten sich taub an und schienen nicht mehr zu meinen Füßen zu gehören.

Wir packten alles für die nächsten fünf Tage auf die Schlitten, zurrten die Rucksäcke fest, luden das Futter für die Hunde darauf und stopften unseren Proviant in eiserne Töpfe, damit er keinen Gefrierbrand bekam, bevor wir die Hütte am Abend erreichten.

Dann schaute ich auf die Horde wilder, flegelhafter Hunde vor mir. Auf ihre wedelnden Schwänze, auf ihre wackelnden Hintern. Nie zuvor hatte ich sechs Stunden lang am Tag auf Ärsche geguckt, sie sollten mir ein vertrauter Anblick werden. Daami, Scooby-Doo, Hetfield, Taz und Marsu stemmten sich kläffend ins Geschirr und hechelten so begeistert, als sollte es jetzt gleich zum Futtern in den nächsten Metzgerladen gehen. Sie wollten nur laufen, laufen, laufen und drehten sich ungeduldig um. Wann geht's denn endlich los? Ich löste die Bremse meines Schlittens, ich durfte sie ja nicht enttäuschen.

Catherine fuhr vor, Walter und ich zockelten tapfer hinterher. Sie war früher Pfadfinderin in der Schweiz gewesen, schärfte sich die Messer selbst und hatte ihre Teetasse am Gürtel baumeln. Sie bewegte sich so klotzig wie ein Cowboy, der gerade von seinem Pferd gestiegen war, und sie liebte Hunde mehr als Menschen, erzählte sie mir, weil sie sich immer auf sie verlassen konnte. Wenn eines ihrer Tiere starb, wurde es bei ihr im Garten begraben. Sie war vor dreizehn Jahren zum ersten Mal nach Lappland gekommen, seitdem war sie süchtig nach dieser Landschaft, nach diesem starken Stück Natur.

Sie hatte sich in der Nähe von Muonio ein kleines Grundstück gekauft, der Zwinger für ihre Hunde war größer als ihr Haus. Ich brauche diese Luft, sagte sie, diese Wälder, diese Seen, die sich erst im späten Frühling von ihrem starren Winterkleid befreien. Doch über diese Angeber, die sich mit ihren fetten Wampen in ein Eisloch zwängten, konnte sie nur lachen. Sie hatte für sie nur Verachtung übrig, aber durfte es nicht laut sagen. Man musste ihr nur in das angewiderte Gesicht gucken, wenn sie davon sprach.

Hier im Winter oberhalb des Polarkreises, der eigentlich nur drei, vier Monate im Jahr kein Winter ist, führte sie fast jede dritte Woche eine Schlittentour. Nein, lächelte sie, keine Touristenrunden, einmal ums Haus, Hunde streicheln, fotografieren und wieder ab nach Helsinki. Das sollten gefälligst andere machen. Sie? Niemals! Wer ihr in die Wälder folgte, musste schon was aushalten können. Der sollte sich sechs Stunden täglich auf kippligen Kufen halten können, um sich abends auf eine Hütte ohne Strom zu freuen. Wir folgten ihr trotzdem, und Walter holte sogar zum ersten Mal seine Kamera heraus.

Wir waren nicht allein. Wir gingen mit ein paar jungen Menschen auf die eiskalte Reise, und für sie war sie schon lange der größte Traum in ihrem Leben. Viele Jahre hatten sie darauf gespart, viele Jahre auf andere Dinge verzichtet, die man sonst so macht, wenn man das erste Geld verdient. Sie hatten Überstunden gekloppt,

Schaufenster links liegen gelassen und ihren eigenen Hunden zärtlich über den Kopf gestrichen, während sie an ihr kleines Abenteuer am Polarkreis dachten.

Jetzt war ihr Traum zwar Wirklichkeit geworden, doch sie froren genauso wie wir und fürchteten sich vor dem grimmigen Frost. Sie kannten kalte Winter, weil sie aus den Schweizer Bergen kamen, aber das, was sie hier erlebten, konnten sie nicht mehr verstehen. Weil sie nicht mal auf ihren stürmischen Gletschern solche Minusgrade aushalten mussten. Sie trugen Fellmütze, Sturmhaube, Fäustlinge und einen breiten Schal um den Mund. Nicole, Roy, René und Sven sahen aus, als würden sie im Eisschrank leben; und im Grunde war es ja auch so, als Catherine das Zeichen gab und die Hunde endlich loslaufen durften.

Erster Tag, 40 Kilometer

Meine fünf Hunde preschten so hastig voran, dass ich den Schlitten kaum halten konnte. Catherine hatte sich zwölf Huskys angeschirrt, sie mussten den größten Teil unserer Verpflegung schleppen. Wenn wir hielten, sollten wir einen spitzen, an den Kufen befestigten Schneeanker in den harten Untergrund rammen. Erst letzte Woche hatte jemand vergessen, ihn nach einem Sturz zu werfen. Die kläffende Meute war erst zehn Kilometer weiter stehen geblieben, weil sich der Schlitten zwischen zwei Bäumen verkeilt hatte.

Am Mittag wärmten wir uns am Lagerfeuer. Wir spießten Rentierwürste auf Zweige und hielten sie über die heiße Glut. Die Hunde schnappten durstig nach Schnee, dann fielen sie in einen kurzen, tiefen Schlaf. Catherine brühte uns Tee auf, sie kümmerte sich gut um uns. Die Schweizer taten nichts, Walter und ich sollten sie noch hassen lernen. Sie suchten sich immer die besten

Schlafplätze aus. Sie schnarchten, dass die Hütten wackelten, und gaben uns nichts ab von ihrem Schnaps.

Auch jetzt ließen sie den Wodka bloß unter sich kreisen, während Catherine uns das finnische Hundisch erklärte, wie sie es nannte. *Oikea* heißt rechts, *vasen* links, *suoraan* geradeaus, *seis* stopp und *tulle, tulle* komm, komm. Kurz danach probierte ich meine neuen Kenntnisse aus, aber was ich auch rief, die Hunde blieben völlig unbeeindruckt und wackelten nicht mal mit den Ohren. Mein Leittier war Daami, eine Hündin. Frauen wissen, wo es langgeht, sagte Catherine. Sie grinste überlegen, wie ein Holzfäller, bevor der Baum krachend zu Boden stürzt.

Wir erreichten unsere erste Hütte, bevor es dunkel wurde, musste jeder richtig anpacken. Zuerst das Eis auf dem See mit einem Beil aufhacken, das Wasser in Kübel schütten, Feuer in der Sauna machen, dann die Hunde und die Menschen füttern. Als das Wasser heiß war, kriegten die Hunde eine warme Suppe, in der sich klumpige Fleischbrocken auflösten. Das Zeug stank faulig, doch sie stürzten sich so gierig auf die Näpfe, als gäbe es nichts Besseres auf der Welt als diesen üblen Fraß.

Für uns Menschen wurde ein großes Stück Lachs auf ein Brett genagelt und zum Räuchern vor den Kamin gestellt. Wir aßen mit Handschuhen, Mütze und Stirnlampe, beim Öffnen der Münder konnten wir unseren Atem sehen. Draußen zeigte das Thermometer 39 Grad minus an, so eine Temperatur konnte ich mir bis dahin gar nicht vorstellen. Nur drei Flugstunden von zu Hause entfernt. Walter hielt sich tapfer, er litt, er fror leise vor sich hin. Seine Füße waren eiskalt. Catherine ging mit ihrem Messer vor die Tür und schnitt einem ihrer Huskys ein wenig Wolle aus dem Fell. Stopf sie dir zwischen die Zehen, sagte sie zu ihm, das hält warm. Es klappte, Walter hatte keine Angst mehr vor einer Amputation.

Irgendwann notierte ich mir: Es gibt Momente hier draußen, da fragst du dich, ob deine Synapsen bereits tiefgekühlt sind. Verdammt, alles kalt, alles weiß. Du fasst dir an den Kopf, aber vor deinem Hirn herrscht nur noch Frost. Du hast keinen blassen Schimmer mehr, wo links ist oder rechts. Wo oben ist und unten, ich glaube, man nennt es *whiteout.* Selbst das Wahrnehmen deiner Fortbewegung friert dir in dieser eisigen Hölle ein. Steh ich noch, oder geh ich schon? Ein gleißender Vorhang fällt dir vor die Augen, er blendet den Rest deiner Sinne, und das, was sich normalerweise Horizont nennt, ist nichts weiter als ein grelles Elend. In der Nase klumpt das Eis, deine Füße fallen ins Koma, und du denkst, wäre nicht schlecht jetzt, so ein Sofa, die *Sportschau* und die warmen Arme deiner Frau.

Es wurde natürlich nicht gedruckt, du spinnst doch, sagte der Redakteur des Reisemagazins, er glaubte wohl, die Kälte habe mir nun wirklich den Verstand vereist.

Zweiter Tag, 33 Kilometer

Am frühen Morgen gab es Kaffee in der ungespülten Tasse vom Vortag. Sie roch noch nach Zahnpasta. Während der Fahrt wurde die Sicht immer bescheidener, ich stand auf den schmalen Kufen und bewegte meine Zehen. Bewegen, sagte Catherine, bewegen, sonst werden sie nicht warm. Ich hatte mir wieder Huskywolle in die Socken gesteckt, arme Hunde, dachte ich, ziehen mich den ganzen Tag, müssen nachts draußen schlafen, und wir klauen ihnen auch noch das Fell. Irgendwie hatte ich ein schlechtes Gewissen.

In einer scharfen Kurve passierte es. Hetfield wollte mal für kleine Hunde und stoppte so plötzlich, dass die anderen Kläffer hinter ihm über ihn stürzten. Ich brüllte *vasen, seis, tulle, tulle,* ich brüllte alles durcheinander, doch der Schlitten krachte um und begrub mich im staubigen Weiß. Ich konnte noch den Schneeanker um einen dicken Baum wickeln, dann lag ich mit dem Gesicht zuerst auf dem Boden und bewegte meine Zehen. Ich freute mich, sie waren plötzlich schön warm.

Auch die Luft wurde wärmer, 23 Grad minus, das kam mir nach der letzten Nacht fast wie Grillwetter vor. Die Sonne lugte hervor, in diesen Märztagen bleibt es hier oben jede Woche eine Stunde länger hell. Walter stand glücklich auf dem Schlitten, er konnte sogar wieder lachen. Die nächste Hütte kam in Sicht, doch die schlimme, sehr asoziale Wahrheit war: Je stärker wir rochen, desto kleiner wurden die Quartiere. Als René seine Stiefel abstreifte, verduftete auch mein Hunger.

Dritter Tag, 45 Kilometer

Sven schnarchte die ganze Nacht so laut wie eine Baumsäge. Walter und ich hatten kaum ein Auge zugemacht, wir schauten müde aus dem Fenster und pflückten mit einem heißen Lappen die Eisblumen vom Glas. Der Blick nach draußen stimmte uns froh, blauer Himmel, 19 Grad minus. Wir steckten die freudig erregten Hunde ins Geschirr und fuhren weiter. Doch auf dem Eis der Seen schlich uns wieder die Kälte in die Glieder. Im Sommer, hörten wir, soll es hier sehr schwül sein, man kann nirgendwohin vor den Mücken fliehen. Die Türen sind dann verrammelt, wie im tiefsten Winter.

Am Mittag schaufelten wir uns Gemüsereis in die hungrigen Mägen, mit Stäbchen, die wir vorher aus Ästen geschnitzt hatten. Die Berge glitzerten freundlich in der Ferne, sie sahen aus wie aufgehäufter Puderzucker. In den dichten Wäldern von Nirrojärvi wurden die Wege immer schmaler, manchmal stießen wir uns die Köpfe an. Am Abend durfte Fuchur, der Leithund von Catherine, mit ins Haus, während sich seine Kollegen draußen bei eisigem Wind zum Schlafen ihre Löcher graben mussten. Fuchur genoss es, fast benahm er sich wie Nala. Fläzte sich wohlig auf dem Teppich, schaute gierig zum Tisch, eigentlich fehlte nur noch der Fernseher.

Catherine kochte das finnische Nationalgericht *Poronkäristys.* Wir drückten uns mit dem Löffel ein tiefes Loch in das Kartoffelpüree, füllten es mit großen Mengen von Rentierfleisch und Preiselbeeren und legten Salatgurken an den Rand. Wir blieben hart, Fuchur bekam nichts, und die blöden Schweizer, die mir mit jedem Tag blöder wurden, tranken ihren Schnaps wieder mal allein.

Vierter Tag, 42 Kilometer

Es schneite ganz leicht, als wir durch eine Lichtung glitten. Zweige schlugen uns in einem Wäldchen in die vermummten Gesichter. An einem steilen Anstieg half ich den Hunden, schob von hinten meinen Schlitten an. Nicht zu viel, rief Catherine, sonst haben sie bald keine Lust mehr. Sie war sehr besorgt. In diesem grellen Weiß verlor ich fast jedes Gefühl für Ort und Zeit. Kann es, dachte ich, auf einer Reise Schöneres geben? Doch die Hunde hörten wieder nicht auf mich. Sie reagierten nur auf diesen Singsang der finnischen Sprache, ich hatte keine Chance. Vor allem Hetfield machte, was er wollte. Dieser sture, wuschelige Mischling lief mürrisch an der Leine. Er blickte selten auf, wenn ich mit ihm sprach, ich glaube, er war sehr selbstbewusst. Ein blöder Sauhund, man musste ihn einfach gernhaben.

Nach einem langen, kalten Tag trafen wir völlig kaputt an unserem nächsten Schlafplatz ein. Erst wurden die Hunde gefüttert, wie immer, dann die Schweizer. Es gab Felchen mit Klößen, zum Nachtisch *Leipäjuusto,* einen Brotkäse, der in einer süßen Sahnesoße schwimmt und in den Kaffee getunkt wird. Die Milch dazu stammt von Kühen, die sie gleich nach dem Wurf eines Kalbes abgeben. Muss so sein, knurrte Catherine. Sven wusch wieder nicht ab, nach der Küchenarbeit blätterte ich bei schwachem Kerzenschein neugierig im Hüttenbuch herum. Irgendeine Annette schrieb, dass die Hunde bellten, als Thomas nackt aus der Sauna kam.

Fünfter Tag, 44 Kilometer

Um sechs klingelte der Wecker. Aber es dauerte lange, bis wir uns aus den Schlafsäcken geschält hatten. Es waren nur zwölf Grad minus, ich pellte mich aus meiner Fellmütze. Endlich hatte ich freie Sicht aufs Land. Scooby-Doo machte sich einen großen Spaß daraus, sich von mir im Liegen anschirren zu lassen. Hetfield schaute gelangweilt auf. Bleib ruhig, Deutscher, schien er zu sagen, heute ist Freitag. Hatte er etwa gegrinst?

Gegen Mittag zog es wieder zu. Es schneite, nicht von oben, nur von vorn. Immer von vorn. Wir zogen uns Sturmhauben über. Heimlich half ich den Hunden bei den Steigungen, war ja schließlich der letzte Tag.

Als wir am Nachmittag über eine breite, vereiste Landstraße bretterten, wussten die Tiere, es geht nach Hause. Hetfield bellte freudig und sabberte vor Lust, und nur eine Stunde später waren wir im Camp. Über vierhundert Hunde begrüßten uns mit ohrenbetäubendem Lärm. Ich ging mit Walter in die Sauna, wir hatten beide eine gute Büchse Bier in der Hand. Nie wieder, sagte der Fotograf, prostete mir müde zu und nahm einen kräftigen Schluck. In der Nacht sah ich, wie sich die Schweizer heimlich aus dem Haus stahlen und ihre verschlafenen Schlittenhunde aus dem Zwinger zerrten. Sie wollten noch ein Foto fürs Familienalbum machen.

Nur wenige Tage später ging ich mit Nala spazieren. Sie sah immer noch traurig aus, obwohl der Napf voll war und sie sich schwanzwedelnd gefreut hatte, mich wiederzusehen. Was für ein wunderbarer Hund. Wie sehr hätte ich mir gewünscht, dass er reden könnte mit mir, dass er verstehen würde, was ich ihm sagte, ich hätte ihm so viel zu erzählen gehabt. Von Hunden, die Hetfield hießen, von Hunden, die den Winter liebten; die Schnee fraßen, wenn sie durstig waren, und sich morgens bloß verächtlich schüttelten, wenn sie der Frost mit Raureif bedeckt hatte. Die nicht jaulten, wenn man ihnen ein Stück Fell klaute, um es sich selbstsüchtig zwischen die kalten Zehen zu stopfen.

Ich hätte meinem Hund auch gern von der stillen Schönheit des Polarlichtes erzählt, ich glaube, es war in einer der kältesten Nächte gewesen, als uns der Himmel sein buntes Lächeln schickte und wir starr vor Staunen und der eisigen Luft ehrfürchtig nach oben schauten. Selbst Walter quälte sich aus seinem Lager, zitternd schraubte er seine Kamera auf ein Stativ. Doch als er fertig war, schloss sich der Vorhang schon wieder schwer und schwarz vor dem atemberaubenden Naturschauspiel. Ich schrieb mir leichte, schwebende Gedanken auf, bis der Kugelschreiber im beißenden Frost seinen Geist aufgab. Macht nichts, dachte ich. Ich konnte sie sowieso nicht richtig fassen.

Mein treuer Hund lag mir zu Füßen, er döste, er grub die feuchte Schnauze in den Teppich, während ich die Geschichte schrieb. An der Wand meines Büros hingen die Bilder von der kalten Reise, Walter hatte sie zu meinem Erstaunen mit sanftem Zauber festgehalten. Die grelle Landschaft wirkte verletzlich, die Zeit war stehen geblieben, und ich blickte voller Sehnsucht auf den Staub, den mein Schlitten aufwirbelte, die Hunde waren darin kaum zu sehen. Ich war wieder in Lappland. Ich fror, ich war glücklich. Ich verlor mich in der Ewigkeit, als die Buchstaben endlich begannen, über den Bildschirm zu tanzen.

Manchmal beugte ich mich zu meinem Freund hinab, ich kraulte ihm das Fell, und sein Körper zuckte in den Träumen, während ich an Daami, Taz und Marsu dachte. Was träumte Nala? Sind Hunde eigentlich noch Hunde, fragte ich mich, wenn sie Zeitungen in den Mäulern tragen? Wenn sie den Menschen bloß gefallen wollen und nicht wissen, wie sich Freiheit anfühlt? Würde so ein Hund aus einer Reihenhaussiedlung auch nur eine Winternacht in Lappland überleben?

Sie lebte noch neun Jahre. Ich weiß nicht, ob es ein gutes Hundeleben war, aber immer wenn ich Nala traf und ihr ins Gesicht schaute, hatte ich das Gefühl, dass sie ihre Zeit lieber anders verbracht hätte, als im Körbchen vor der Wohnungstür auf einen Freiwilligen zu warten, der mit ihr nach draußen ging. Während meine Kinder lieber mit dem Computer ins Weltall wollten und nicht auf eine blöde Hundewiese. Ich ahnte, dass Nala viel lieber häufiger in der Natur gewesen wäre, sich an Bäumen gerieben, sattes Gras gefressen und auf den Feldern getobt hätte. Ich glaube, der finnische Winter hätte ihr gut gefallen.

Irgendwann wurde sie eingeschläfert, weil sie ein Geschwür im Maul hatte und nicht mehr fressen konnte. Keiner sagte es mir, als man ihr die tödliche Spritze setzte. Keiner, ich fand das hundsgemein. Denn mittlerweile war ich zu Hause ausgezogen, weil es für mich und meine Frau leider keinen Weg zurück in die Ehe gegeben hatte.

Der Hund war weg. Ich durfte ihn nicht in den Tod streicheln. Ich war wütend auf meine Familie und heulte wie ein kleines Kind.

KÄLTE KLIRRT DOCH

Von einer Überquerung des Baikalsees im Winter. Andrej Tanitschew aus Sibirien erklärt, warum das Eis ständig knacken muss. Den ersten Schluck Wodka verschüttet er für Gott, und am Ende nennt er uns Russen.

Auch die österreichische Regierung zeigt in diesen kalten Wintertagen ein Herz für Frostbeulen und legt sogar ein Gesetz auf Eis. Denn eigentlich ist es in unserem Nachbarland seit vergangenem Oktober verboten, sich zu verhüllen – es gilt die Regel: Von Stirn bis Kinn freier Blick auf das Gesicht. Ansonsten droht eine satte Geldstrafe – bis zu 150 Euro kann das Tragen von Burka, Nikab, aber auch Karnevalsmasken kosten. Ab wann die Regelung wieder greift und damit das Gesicht wieder frei bleiben muss, ist übrigens nicht genau festgelegt.

tagesschau.de, 26.2.2018

Wir sägten Käse, fluchend, hungrig, steif wie ein Stein lag er vor uns. Andrej brach kleine gelbe Brocken ab, er brauchte dazu seine ganze Kraft, er schimpfte laut und beschwor den Teufel auf Russisch. Dann spießte er die Stücke auf die Klinge seines Messers und hielt sie uns grinsend hin. Draußen zerrte ein wütender Sturm an unserem Zelt, ich fürchtete mich schon sehr vor der Nacht, und komisch: Ich erinnere mich noch gut daran, wie ich in diesem drastischen Augenblick plötzlich an meine Kindheit, mein Bottrop, meine Mutter denken musste. Sie war ungefähr achttausend Kilometer weit weg.

Ich glaube, jetzt hätte ich doch gern meine Füße in ihren Backofen gelegt. Hätte mich über ihr mildes, tröstliches Singen gefreut, über den friedlichen Geruch der Milchreissuppe, der am Freitagabend verlässlich durch die Küche strömte. Was würde sie wohl sagen, wenn sie mich hier so gesehen hätte, fröstelnd, ängstlich, in allem verpackt, was ich dabeihatte, auf dem knackenden Eis des Baikalsees und mehr als tausend Meter tiefes, eisiges Wasser unter mir?

Sie hätte gesagt, Junge, das hast du nun davon, was fährst du auch im Winter nach Sibirien? Dann hätte sie mich vielleicht vorwurfsvoll angeschaut und gefragt, ob ich auch lange Unterhosen anhätte, und mich anschließend in die Arme genommen und mit ihrer großen Liebe gewärmt. Sie hat bis heute, mit ihren über neunzig Jahren, auf jede Frage eine Antwort. Einmal Sohn, immer Sohn, das ist ihre einfache, ehrliche Sicht auf die Welt einer Mutter.

Ja, Junge, das hatte ich nun davon. Die Kälte hatte mich endgültig gepackt, ich konnte ihr einfach nicht entkommen. Sie fasste mich am Kragen und zog mich beharrlich in Landschaften, in die sonst keiner wollte. In die eigentlich keiner gehörte, wenn gerade tiefster Winter war. Der Orkan da draußen meinte das wohl auch.

Der Schnee dampfte im Topf auf dem Kocher, er sackte über der Flamme in sich zusammen. Andrej küsste eine der Kartuschen, die im Zelt herumlagen, er lachte, aber kurz danach schaute er wieder ernst. Ohne das Gas da drin, sagte er, würden wir es nicht schaffen. Nicht trinken können, nicht kochen können, weil Wasser in unseren Flaschen gleich zu Eis würde. Wir kratzten alles zusammen, was der Winter hergab, damit wir weit draußen auf dem See überleben konnten. Wir kauten, wir schwiegen und bliesen unseren heißen Atem gegen die starren Finger.

Das Tuch flatterte, es peitschte lärmend gegen die Stangen, und um uns herum tobte der Wahnsinn. Acht Windstärken, zwanzig Grad minus, mindestens. Andrej schüttete kochendes Wasser in die Tassen, mischte es zu einer Brühe aus Zucker und Tee. Er zitterte, er kleckerte, verbrühte uns fast die Hände, und ich dachte nur, wie wunderbar sich Hitze anfühlt. Sie brannte sehr, aber in dieser Tiefkühltruhe tat der Schmerz gut. Er legte sich wie ein sanfter, warmer Schleier über den Arm.

Der Tee taute uns auf, gab wieder Leben frei. Ein kräftiger Schluck, und du glaubst, die Sonne scheint dir auf die Gedärme. Wir redeten über den Tag, die ersten 22 Kilometer auf dem Baikalsee. Wenn wir sprachen, qualmten die Münder, und wieder kroch die Kälte heran, wie eine Krake, die dich verschlingen will. Wir wickelten die Schlafsäcke um unsere Körper, sie stanken vor Feuchtigkeit, verdammt, es war noch nicht mal Nacht.

Ich hatte den ganzen Tag den Schlitten über das Eis gezogen, jetzt zuckten mir beißende Blitze durch den Rücken. Ich hockte da wie ein alter Mann, leise stöhnend, gekrümmt, während Andrej ein russisches Kinderlied sang, dessen Melodie zerbrechlich und fröhlich klang. Er wirkte stark, unangreifbar, wie aus einem Baum geschnitzt, doch er summte es mit einer schwermütigen Heiterkeit, die mich sehr traurig machte.

Was für ein Kerl, dachte ich. Sicher wusste er gar nicht, was ein kaputter Rücken ist, wir hörten ihn jedenfalls niemals jammern. Wenn er Wodka trank, goss er den ersten Schluck über dem Eis aus. Für Gott, sagte er.

Für ihn war der See wie eine Kirche. Man sollte ihn immer mit Respekt betreten, bestimmte er und gab die Flasche an uns weiter.

Jetzt goss er heißes Wasser auf einen erbärmlichen Klumpen Nudeln, es sah aus wie eine trostlose, nasse Pampe. Doch nach acht Stunden in der eiskalten Wüste schmeckte dir jetzt alles. Frank, der Fotograf, war Vegetarier, er biss angewidert in eine Wurst aus Stahl. So weit draußen auf dem See konnte er sich keine Grundsätze erlauben. Schmeckt, sagte er und lächelte gequält, er konnte schon immer schlecht lügen. Zum Nachtisch gab es zähe Feigen, dazu Haferschleim, der auf dem Löffel klebte. Vom Dampf im brodelnden Kessel bildete sich Raureif im Zeltdach, wunderschöne Kristalle regneten auf uns herab.

Ich liebe die Kälte, sagte Andrej, sie säubert das Hirn wie Wodka die Zunge. Er hob seine Stimme, sah uns an, er klang streng, niemals, sagte er, wollte er woanders als in Sibirien leben. Auch nicht im Winter.

Vor einer Stunde hatten wir das Zelt aufgebaut. Gerade noch rechtzeitig, bevor der Himmel uns den Teufel schickte. Dicke, düstere Wolken, sie hingen tief, sie drohten uns an die Köpfe zu stoßen. Die Welt heulte wie ein Rudel hungriger Wölfe, es wurde höchste Zeit, ihr aus dem Weg zu gehen und sich vor ihr zu verkriechen. Wir hatten das Bündel Stoff vom Schlitten genommen, schraubten Heringe in die kalte Haut des Baikalsees. Bis sie ein wenig aufplatzte und sich in feinen Rissen verästelte. Sie sahen aus wie Blutbahnen, die verzweifelt das Herz suchten. Frank legte sich auf den Bauch, das Licht stand gut, der Auslöser ratterte, irgendwo knackte es verdächtig, wie so oft. Nur rein ins Zelt, dachten wir, als der Wind noch lauter zu brüllen begann. Nur rein. Auf Wärme warten, auf die Nacht warten.

Dann kam der Zug. Gerade als wir den Schlaf dringend brauchten und uns auf dem Boden aus Beton wälzten, die Schlafmatten waren ein schlechter Witz. Der Zug kam plötzlich, wie aus dem Nichts, rollte von weit heran. Dumpf, grollend, von ganz weit unten. Andrej hatte uns vor ihm gewarnt. Wir hörten ihn deutlich, erst nur von fern. Doch mit jeder Sekunde wurde er lauter, bedrohlicher, während wir mit einem Ohr nah am Eis lagen. Eine achtzig Zentimeter dicke Schicht trennte uns vom grässlichen Bollern. Hier an der Stelle war der See über 1600 Meter tief, was gäbe ich jetzt bloß für einen Schiffsrumpf, dachte ich und hörte mein Herz schlagen.

Der Zug raste heran wie eine Kugel, die sich beim Kegeln polternd über eine Bahn schiebt. Es donnerte unwiderruflich, das Ungetüm brüllte auf, und zwei Waggons stießen ungebremst zusammen. Das Eis ächzte, als hätte es sich ein paar Wunden geschlagen. Ich starrte in die schwarze Leere des Zeltes, wartete darauf, dass sich der See öffnete und mich in seinen Schlund zog. Zwischendurch wurde es still, ich glaube, selbst der Sturm fürchtete sich. Ich hatte im Wesentlichen mit dem Leben abgeschlossen.

Einige erwischt es jeden Winter, erzählte uns Andrej. Auch das wollte man jetzt nicht unbedingt hören. Vor zwei Wochen war ein Auto verschwunden, für immer. Zwei junge Leute, nachts, sternhagelvoll, man hatte merkwürdige Spuren entdeckt. Irgendwann, irgendwo brachen sie einfach ab. Sie wollten den Weg von Irkutsk nach Ulan-Ude abkürzen, wie so viele, direkt übers Eis. Statt 450 Kilometer in sieben Stunden dauert es nur halb so lang. Es gibt Sibirier, die nur darauf warten, dass sich der See im Winter endlich vereist.

Ein enger Spalt schluckte sie, er war in der Dunkelheit nicht zu sehen gewesen. Keiner wird sie je finden, sagte Andrej, der Frost hat den Riss über ihrem tiefen, kalten Grab längst wieder geschlossen. Vielleicht, sagte er, gibt der Sommer die Leichen frei. Wie gesagt, diese Geschichte passte uns gerade gar nicht gut.

Ich lauschte, die Züge rollten noch stundenlang. Der Sturm ließ zwar nach, aber das Eis lebte weiter. Es krachte, links, rechts, es gab keine Ruhe. Ich hörte Andrej schnarchen, aber für mich war an Schlaf nicht mehr zu denken. Frank wälzte sich müde hin und her, ich kaute lustlos auf Feigen herum, ich wusste, für mich war die Nacht gegessen. Irgendwann schlief ich dann doch ein.

Am nächsten Morgen klebte Reif auf den Gesichtern, sie trugen weiße Masken. Wir hatten eine Nacht in kurzer, gnädiger Ohnmacht verbracht. Ich pulte mir mit dem Finger das Eis aus der Nase, die Salbe gegen Kälte war in meinem Rucksack festgefroren. Frank hatte sich seine teuren Kameras im Schlafsack zu den Füßen gestopft, sie funktionierten trotzdem erst viel später. Ein Zehennagel von mir war ein wenig schwarz geworden, Andrej schaut ihn sich besorgt an. Nur gestoßen, sagte er, Zeh muss nicht weg. Dabei fuchtelte er infernalisch mit dem Messer herum. Er kratzte Schnee in den Topf und drängte uns zur Eile, Frank wischte sich hastig mit einer harten Bürste über die Zähne. Heute sollten es 28 Kilometer werden.

Der See braucht Luft zum Atmen, erzählte Andrej, weil er sich unter dem Eis nicht richtig bewegen kann. Der Zug muss immer kommen, sagte er, er macht Risse, um Luft zu bringen. Die Russen behaupten, Väterchen Frost würde sich schütteln, wenn es dunkel wird. Andrej schaute sehr ernst, fast streng, unter seiner Mütze aus Fell.

Wir nickten, er war unser Führer, er wusste Bescheid, und wir hatten beschlossen, dass er immer recht hatte. Vor allem hier, weit draußen auf dem See, wir hatten schließlich noch zwei lange Tage vor uns, um das andere Ufer zu erreichen. Nur er kannte den Weg, nur er konnte die gefährlichen Spalten umgehen, ohne ihn wären wir verloren gewesen. Er brauchte kein GPS, nicht die Hilfe aus dem Himmel, wie er es nannte. Er wusste, wo die Bären wohnen, er war schon als kleiner Junge unter das Eis getaucht, er hatte den Omul gefischt, den es nur im Baikalsee gibt.

Er machte das auch nicht wegen des Geldes. Die paar Dollar, pah. Er machte es, weil er seine Heimat liebte, weil er uns zeigen wollte, wie schön sie im Winter ist. Im richtigen Leben war Andrej Tanitschew ein angesehener Professor für Landwirtschaft.

Andrej wollte weiter, jetzt, sofort, der Tag war ja noch lang. Wir zurrten unser Zeug auf die Schlitten, befestigten die Zugseile am Rucksack. Wir rieben uns Schnee ins Gesicht und pinkelten kleine Löcher in das Eis. *Dawai, dawai,* rief Andrej, und ich dachte, bloß gut, dass wenigstens der Wind noch schlief.

Drei Tage bewegten wir uns auf dickem Eis, wir machten eine Reportage für ein deutsches Abenteuermagazin.

Keiner wollte, ich ging, freiwillig, freudig, es war ein Angebot, das man nur einmal in seinem Leben bekommt. Wir wanderten von Uzur nach Turka hinüber, 60 Kilometer, eher ein kurzer Weg; von Nord nach Süd ist der See 673 Kilometer lang, die breiteste Stelle misst 82 Kilometer.

Der Baikalsee spiegelt die russische Seele, heißt es. Er ist schön, aber schroff. Sein Wasser könnte fünfzig Jahre lang die ganze Welt versorgen, der Bodensee ist ein kleiner Tümpel dagegen.

Wir hatten Uzur zwei Tage zuvor mit dem Jeep erreicht. Anton Moros, ein guter Kumpel von Andrej, brachte uns dorthin. Moros bedeutet Frost, kein Wunder also, dass Anton so cool war. Er trug sogar bei schlechtem Wetter eine gespiegelte Sonnenbrille und fuhr wie ein blasphemistischer Selbstmörder. Er holte alles heraus aus der alten Kiste, unsere Köpfe schlugen ans Autodach, als er durch die Schlaglöcher heizte. Anton verfluchte jeden, der uns aufhielt, er überholte, wo er wollte, und er wollte immer. Dabei hing er ständig an seinem Handy und zog sich beim Telefonieren seine Kapuze über, weil der Motor so laut brüllte.

Good car, sagte Anton. *Good driver,* sagte Andrej, viel mehr sprachen sie nicht, der Lärm schluckte sowieso jedes Wort. An Antons Hals baumelte eine Kette mit USB-Stick, er steckte ihn beim Fahren ins Radio. AC/DC, Led Zeppelin, Rammstein, Anton machte auf knallharten Russen, so viel war klar. Unter den Reifen jaulte die Straße, erst später, als alles hell war und flach, sangen die Beatles *Back in the U.S.S.R.* Anton brummte mit, beiläufig, heiser, es klang bei ihm aber eher nach trockenem Husten. *You don't know how lucky you are, boy.* Vor uns glänzte eine große, einsame Eisfläche in der Abendsonne. Sie schien nur auf uns zu warten.

Anton preschte, ohne vom Gas zu gehen, eine holprige Wiese hinunter, kurz schüttelte er sich und brach durch kleine, spitze Schollen, die am Ufer des Baikalsees lagen. Er ließ seinen Zahnstocher im Mund tanzen und fuhr ungerührt auf dem spiegelglatten Eis weiter. Mir wurde kotzübel, die Welt drehte sich, und meine Eingeweide rebellierten.

Ein langes graues Band lag vor uns. Es schlängelte sich übers Eis, blank geputzt von den Reifen der Autos, daneben weiße Kleckse. Sie wirkten wie Vogelscheiße, direkt vor uns aus dem Himmel gefallen. Das Licht blendete so stark, dass uns die Augen schmerzten. An den Seiten steckten dunkle Äste im Schnee, manchmal auch Steine, sie sollten die Markierung einer Straße darstellen, einer Straße auf Zeit.

Irgendwann, die Sonne blinzelte neugierig über dem weißen Horizont, stieg Anton voll auf die Bremse. Der Wagen stöhnte, drehte sich um die eigene Achse, dann stand er quer. Joe Cocker knarzte aus den Lautsprechern, es knackte, wieder und wieder, *some fella tells me that you're not at home, unchain my heart, set me free,* hörten wir, sonst sprach keiner auch nur ein Wort. Nach dem Song war nur noch Stille.

Plötzlich knallte eine Peitsche, ein langer, scharfer Laut. Wir ahnten, wir wussten, ganz in der Nähe riss das Eis auf.

Sofort stieg Anton aus, ließ den Motor aber vorsichtshalber laufen. Er strich über die Kühlerhaube seines Jeeps, liebevoll fast, steckte sich eine filterlose Zigarette ins Gesicht und blies so kräftig aus, dass seine Nase rauchte. Frank sprang hinaus, machte Fotos, ich blieb im Wagen sitzen. Der Augenblick wollte nicht enden, er wirkte sehr unwirklich, als wäre die Zeit festgefroren, und Anton griff sich einen Stock. Er brach ihn über den

Knien, stocherte mit ihm in einem breiten Spalt herum. Zwei, drei Meter nur von uns entfernt.

Das Wasser gurgelte, es drängte, es wollte nach oben. Eine Welle schwappte aufs Eis, sie kam zur Ruhe und wurde in der nächsten Sekunde zu Brei. Anton zog die Handschuhe aus, maß mit den Fingern die Höhe der Kante, schmunzelte und schlenderte aufreizend langsam zum Auto zurück. Er sah abwesend aus, lässig beinahe, spuckte seine glühende Kippe aus und knüppelte brutal den Rückwärtsgang rein. Er setzte vierzig, fünfzig Meter zurück und drückte das Gaspedal durch, dass es aus den Stollen der Räder nur so spritzte.

Er wartete, ließ zögerlich den Motor jaulen, er schien ein letztes Mal den Verstand einzuschalten, doch dann nahm er Anlauf und raste über den Spalt. Drei Tonnen Auto, eiskalt, einfach so. Ich dachte, so oder ähnlich muss russisches Roulette gehen. Auf der anderen Seite des Spaltes streichelte Anton das Lenkrad seines Japaners, während er ihn sehr mühsam zum Stehen brachte. Er feixte, er witzelte, aber keiner lachte.

Am frühen Abend kamen wir in Uzur an, eine Hütte, kaum Strom, sie stand schief im hartnäckigen Staub. Der Herbst war viel zu warm gewesen, noch trockener als sonst; nicht einmal ein Liter Niederschlag auf den Quadratmeter, drei Monate lang, erst im Januar hatte sich der Frost ernsthaft über den See gelegt. Jetzt im März war er endlich geschlossen, wie jedes Jahr hatte er es geschafft, die sibirische Kälte hatte eine dicke Decke über den tiefsten Süßwassersee der Welt ausgebreitet. Ein Kraftakt der Natur, fünfzehn Milliarden Tonnen Eis. Eine Stadt wie Chicago bräuchte vermutlich weniger Tonnen Beton, wenn sie ihre Wolkenkratzer neu aufbauen würde.

Hastig packte Anton die Taschen aus, Schlitten, Verpflegung, Zelte, dann brauste er los. Er streifte fast einen nachtschwarzen Mischling, der zähnefletschend an der Kette kläffte. Irgendwann fahr ich den Scheißköter tot, hatte Anton noch geflucht. Er war oft hier, um Leute wie uns zu bringen.

In der Hütte herrschte eine Bullenhitze, Holz brannte im Ofen, die Funken schlugen gegen die verrußte Eisentür. Bunte Stofftapeten waren an die Wand getackert, sie lösten sich bereits an den Seiten und zeigten eine bläulich gelbe Blumenwiese. Die Bettlaken zierte das Bild eines Sibirischen Tigers, über die Stühle waren Rentierfelle gezogen. Der Kitsch tat uns gut, Gläser kreisten, ein paar Witze, wir genossen die letzte Wärme. Wir schlürften Borschtsch, eine Suppe aus Zwiebeln, Rind, Kohl und Roter Bete, in ihr schwammen so dicke Fleischstücke, dass der Löffel beim Rühren stecken blieb. Frank verzog keine Miene.

Andrej holte eine Flasche Wodka hervor, sie glitzerte verführerisch in der Sonne, die von draußen durchs Fenster spähte. Er trank das Zeug wie Wasser. Wir hatte mehrere Büchsen Bier dabei, er nahm vorsichtig ein paar Schlucke. Bier machte ihm Angst, weiß der Teufel warum, bei so wenig Alkoholgehalt. Dann sprach er ein kurzes Gebet, guckte dabei an die fleckige Decke, schmiss die leere Flasche in den Müll und kroch in sein Bett. Als er sich in den Schlaf grunzte, stießen wir auf ihn an.

Der nächste Morgen war so klar wie ein Eiswürfel im Glas. Wind wirbelte Staub auf, die eisige Luft flirrte im ersten Licht. Ich rubbelte die Eisblumen vom Thermometer, ein dünner roter Strich trat hervor, er stand bei 32 Grad unter null. Andrej zurrte das Gepäck auf den Schlitten fest, wir zogen alles übereinander. Zwei Paar Handschuhe, Mütze, drei Hosen, zwei Jacken, klobige Stiefel, wir sahen aus, als wartete der Mond auf uns. Frank ließ sich bloß noch erahnen, wir stapften raus, steif gefrorene Astronauten, die das Weltall suchten.

Wieder musste ich an meine Mutter denken. Junge, zieh die Jacke an, Mutti ist kalt, hatte sie früher immer gesagt, wenn sie fror und ich mich deshalb dicker einpacken sollte. Ich schickte ihr ein Lächeln, wehmütig, liebevoll, um die halbe Welt.

Unter den Sohlen klemmte eine Matte aus Spikes, das Knirschen der Nägel sollten wir ab jetzt tagelang hören. Sie krallten sich ins Eis, schrappten beim Gehen, ohne sie gäbe es für uns keinen Halt. Wir blickten in die trügerische Weite, nein, sie war natürlich nicht unendlich, aber es war verdammt weit bis zum anderen Ufer. Irgendwo dahinten konnten wir es sehen, Turka, nur ein paar Häuser sind es, wurde mir in den Block geschrieben. Nur ein Punkt im Nichts, wir sollten ständig auf ihn starren. Weil wir hofften, dass er größer wurde.

Wir wanderten durch eine Welt aus Glas, vieles wirkte zerbrechlich auf dieser mächtigen Tafel aus Eis. Oft türmten sich glitzernde kleine Platten auf, die wir mit den Schlitten durchschlugen. Dann wieder lagen große, windgefegte Spiegel vor uns, die wir mit den Kufen zersplittern ließen. Hinter uns zerbarst Geschirr, so klang es, als wir die Schlitten durch porzellandünne Wände zogen, die der See herausgedrückt hatte. Ich hatte jedes Mal ein schlechtes Gewissen, wenn es schepperte, weil ich glaubte, Natur zu zerstören. Natur, die eigentlich ihre Ruhe haben wollte.

Der ruhige stolze Russe ging vor, drei Tage lang, wir kannten seinen Rücken bald sehr gut. Nur manchmal hielt Andrej an, holte tief Luft und erklärte uns das Eis. Aber an keiner Stelle sah das steife Meer gleich aus, es änderte sich fast mit jedem Schritt. Weiß, grau, glatt, zerknüllt, wie die Laken eines ungemachten Bettes, ich musste an die Tiefschneehänge in der Schweiz denken. Am Nachmittag blickten wir auf ein paar eingefrorene

Schollen, der Frost hatte ihnen das Schwimmen ausgetrieben. Sie lagen starr da, hilflos, im Eis gefangen.

Das ist wie kalte Suppe mit Fettaugen, sagte Andrej. Die Sibirier nennen das so, schon seine Mutter hatte ihm das beigebracht. Er schaute besorgt nach oben, Wolken rasten über uns, bald sollte der Sturm kommen. Die erste Nacht im Zelt, der harte Käse. Der Zug. Das Stöhnen des Sees.

Doch nach dieser Nacht war nur noch Glück. Der Sturm zog sich erschöpft in die Berge zurück, das Weltall war gnädig mit uns. Wir lächelten, es schmerzte, wenn wir die Lippen verzogen, die Trockenheit hatte winzige Krater aufgerissen. Sibirien schmeckte nach Kälte und Blut, und der Punkt da vorn wurde einfach nicht größer. Na und?

Acht, zehn Stunden wanderten wir so, verloren uns in Raum und Zeit, heute wie morgen. Oder morgen wie heute. Für mich hätte es Tage so weitergehen können, jetzt, wo sich der Sturm endgültig aus dem Staub gemacht hatte. Alles still, alles weiß, nur das Knirschen der Nägel, das Scheppern des zarten Porzellans. Das Kratzen der Kufen. Kein Lebewesen außer uns, die ganze Zeit. Nur Raben, die vor dem Zelt nach Futter suchten.

Später aber wurde der kleine Punkt tatsächlich größer. Wurden aus ihm Straßen, Häuser, aus deren Dächern Qualm aufstieg. Menschen, die lachten, Autos, die über die Wege pafften. Turka! Es gab doch dieses Dorf, fast hätten wir nicht mehr daran geglaubt. Am Ufer fielen wir uns in die Arme, Andrej gab uns einen Bruderkuss.

Ihr seid jetzt Russen, sagte er, glücklich, stolz, nass schmatzte er uns auf die Backen. Drei Tage lang war er ziemlich verlegen, schüchtern, jetzt war das Eis gebrochen, sozusagen. *Sa sdorowje,* rief er, die nächste Nacht sollte feucht werden. Wir zogen die Schlitten an die Straßen, ein Wagen brachte uns in eine Hütte mit Dusche, wir stanken wie die Kanalratten. Am nächsten Tag würden wir den Zug nach Irkutsk nehmen.

Am Abend wollte Frank zu einem Supermarkt, ein paar Flaschen Wodka kaufen. Als Andrej das hörte, lief er hastig hinter ihm her. Niemals hatte ich ihn auf unserer Reise so besorgt, niemals so aufgeregt gesehen. Er fing Frank noch rechtzeitig ab und zeigte ihm, am ganzen Körper zitternd, welche Marke er im Laden kaufen sollte und welche zum Teufel nicht.

Viel Wodka ist schlecht bei uns, sagte er später, als wir unseren Sieg über den Baikalsee begossen. Du musst vorsichtig sein, die Mafia bringt ihn unter die Leute. In den letzten Jahren waren zwei seiner besten Freunde gestorben, vergiftet, elendig am Fusel krepiert, er soll mit Spiritus gepanscht worden sein. Andrej erzählte es, flüsternd, traurig, mit Tränen in den Augen. Wir stießen an. Auf die toten Freunde, auf uns, auf den sibirischen Winter. Auf den verdammten See. Er blinzelte uns in diesem Augenblick gerade zu, freundlich, frostig, sein Lächeln drang gleißend durchs Küchenfenster. Der Wodka schmeckte gut. Wir tranken ihn wie die Russen, ohne Eis.

Zwei Wochen danach zeigte ich meiner Mutter die Bilder, die Risse, die Adern, das winzige Zelt auf dem Eis. Ich erzählte ihr auch von den jungen Leuten, die der See verschluckt hatte. Vom zersägten Käse, von Andrej, vom tiefen Spalt, vom Zug in der Nacht, vom Wodka und, ja, vom dicken Zeh, der schwarz geworden war. Im Stillen erhoffte ich mir ein wenig Respekt und große mütterliche Anerkennung.

Aber was sagte die gute alte Frau? Junge, zieh dir die Pantoffeln an, sie sagte es streng, mit Blick auf den kühlen Boden, und ihr Sohn, nun auch schon fast sechzig, gehorchte.

LUST GEFRIERT ZU ANGST

Acht Stunden hochstapfen für eine steile Abfahrt, vor der es einem fürchterlich graust. Eine Skitour in Norwegen und ein weißes Ungeheuer, das Hegguraksla heißt. Ich hasse den Schnee, aber später im Tal auch ganz besonders mich.

Jedenfalls fällt mir auf, wie hell das Dach vor mir ist. Als sei es die ganze Zeit über der in einer vielleicht zehn Zentimeter dicken Schicht liegende Schnee gewesen, der das Licht dieses Wintertages geschaffen hat, und als glühe es in punktweisem Glitzern wie kleine, graue, leuchtende Perlen immer noch nach.

Peter Høeg, Fräulein Smillas Gespür für Schnee

Irgendwann verfluchte ich den Schnee. Ganz kurz nur, aber ich hasste ihn, abgrundtief. Fast wie damals, als ich von der Schanze sprang. Ich weiß noch, wie ich ihn brüllend zur Hölle wünschte, dieses nasse kalte Zeug, es kam von vorn, von hinten und oben und überall her. Es verschluckte die Welt, ein harter Griesel, der in die Gesichter peitschte, ich konnte nur ahnen, was Luft war und Erde. Es sah alles gleich aus in der hellen Hölle, die uns da verschluckte. *Flurries* nennen das nicht nur die Norweger, diesen Fluch des Planeten, ich fand das Wort schon sehr niedlich für ein Wetter, das auf mich wirkte, als würde es den Anfang vom Untergang bedeuten.

Eigentlich kann man es auch ganz einfach sagen. Ich hatte die Nase gestrichen voll, nicht nur vom Wetter, und das war bei dieser Reise wirklich wörtlich zu nehmen. Als ich schnäuzte, kamen nur noch irgendwelche kalten Klumpen heraus.

Ich fühlte mich wie ein Süchtiger, dem sein geliebter Winter gerade endgültig den Rest gab. Die Wolken legten einen schweren weißen Schleier über uns, er verstopfte uns die Lungen, er lauerte überall, und jeder von uns sah mit Flehen in die Richtung, in der er normalerweise den Himmel vermutete.

Nichts mehr war wie an diesem sonnigen Morgen, als uns die Sonne so unverschämt harmlos angegrinst hatte. Wir waren mit Peter zu einer Skitour aufgebrochen, unten am See, und die Berge hatten lange, müde Schatten auf den Fjord geworfen. Es war noch so früh, dass der Schlaf unsere Augen verklebte, doch ich war neugierig, gespannt, weil ich zum ersten Mal mit Fellen unter den Brettern einen Gipfel besteigen sollte. Nie hätte ich gedacht, dass ich dabei so sehr neben die Spur geraten würde.

Peter war ein munterer, frommer und sehr tiefdruckfester Naturbursche aus dem Allgäu, der ständig auf uns einredete. Laut, beinahe aufdringlich heiter gelaunt. Er hatte bereits mehrere hohe Berge im Himalaja bestiegen, hatte auf dem Elbrus in Russland gestanden und war in einer Nussschale über den Atlantik gesegelt. Peter war ein ganz harter Hund, der nicht gleich mitleidig guckte, als ich ihm schon kurz nach dem Beginn unseres Aufstieges ausführlich vom blutenden Massaker in meinen Schuhen erzählte.

Ich erzählte es ihm immer und immer wieder und wurde ganz klein neben ihm. In den Stiefeln begann das Blut meine Socken zu wärmen, fast schämte ich mich, früher einmal Skilehrer und Bottroper Meister im Riesenslalom gewesen zu sein. Peter sagte ich nichts davon.

Die Wunden pochten, sie brannten, sie stachen, weil ich mir beim Gleiten der langen Latten die rechte Ferse aufgerieben hatte. Das rohe Fleisch vermischte sich mit den Resten des Pflasters, das ich längst aufgeklebt hatte. Ich dachte nur, verdammte Hacke, als der liebe Gott die Füße erfand, hat er sicher nicht ans Skiwandern gedacht. Ich schmatzte über den Schnee und blutete still in meine Stiefel hinein.

Peter aber redete weiter, er meinte wohl, dass ich mich zusammenreißen sollte, so deutete ich zumindest sein unbekümmertes Gesicht. Es wirkte wirklich sehr teilnahmslos. Freu dich einfach über die Landschaft, raunte er mir zu, und denk nicht an die Füße, ja, er hatte so eine wunderbare Art, alle diese Scheißstrapazen wegzulachen. Es schneit Schneebälle, du siehst die Hand vor der Brille nicht mehr. Doch Peter frohlockt, dass um zwölf der Himmel aufreißt. Na ja, es könnte auch zehn Minuten später werden.

Dann steckte er mir ein paar Globuli in den sabbernden Rachen, die helfen, rief er, musst du nur dran glauben. Ich glaubte, ich schluckte sie beim Glauben tapfer herunter, doch alles wurde trotz des Glaubens nur noch schlimmer. Ich guckte nach unten, in meinen Stiefeln explodierten ein paar prächtig gefüllte Blasen. Der Schmerz war zum Schreien. Ich empfand jeden Schritt als eine Zumutung und eine Beleidung für meine malträtierten Quadratlatschen, der Schnee schmatzte, es quietschte die ganze Zeit unter mir. Ich wusste nicht, ob es die Felle oder meine Gelenke waren. Doch als ich soeben in meinem stillen Leid ans Aufgeben dachte, fing Peter, der vor mir lief, zu jodeln an. *Holarediridiri!* Oder so ähnlich. Jedenfalls klang es für mich jaulend, wie bei einem Hund, dem ich mit den Skiern über den Schwanz gefahren war.

Plötzlich blieb mein Held stehen, so schlagartig und überzeugt, dass ich mich mit den Bretterspitzen fast in seine Fersen bohrte und die Reißfestigkeit der Achillessehne testete. Doch er drehte sich nur um, sagte erst nichts, er war betäubt von der Schönheit des Augenblicks, fuchtelte mit dem Stock in der Gegend herum und brüllte ergeben: Schaut euch bloß diese Natur an! Schön, sehr schön, dachte ich und pulte mit dem Zeigefinger in den Schuhen herum. Ich hatte keine Ahnung, ob darin noch irgendetwas lebte.

Peter roch neugierig in den Mittag, beugte sich über die Stöcke und klopfte sich den feuchten Schnee unter den Skiern ab. Er schaute mit frechem Triumph nach oben. Tatsächlich zerfetzten sich gerade die Wolken im Wind, wie kleine weiße Drachen stoben sie auseinander, um der Sonne Platz zu machen. Die Weltuntergang muss für heute verschoben werden, sagte Peter und pfiff sich fröhlich was unter seiner gestrickten Pudelmütze. Los, weiter, das Glück wartet nicht.

Das Glück sollte für uns *Sandfjellet* heißen. Ich war allerdings nicht davon überzeugt, dass dieser Berg unser Glück werden sollte; jedenfalls wollten wir dort hinauf, wir sahen ihn nach dem dichten, langen Schneesturm gerade zum ersten Mal. Eigentlich war er kein hoher, eher ein blass gepuderter Zwerg unter diesen vielen stolzen Riesen von Ålesund. Aber hier in der Gegend nahm jeder Gipfel gleich nepalesische Ausmaße an, weil man ihn immer von der Meereshöhe aus bestieg. Um die Ecke stand ständig ein neuer Mount Everest, sozusagen.

Wir waren auf einer Skitour, zünftig, gefährlich, wir schoben uns hoch. Und wie. Mit Rucksäcken auf den Schultern, in die wir nach und nach unsere schweißnassen Klamotten stopften. Oliver, Roland, Sarah, Kurt, Nicole, Andreas, Benedikt, Peter und Ragna. Wir quälten uns eine Woche lang die Berge hinauf, und bis heute vermute ich, dass ich das Quälen zu wörtlich genommen hatte. Alle neben mir, hinter und vor mir hatten sich das ganze Jahr darauf gefreut. Jetzt im April sollte der Schnee am besten sein. Nur ich hatte davon noch nichts gemerkt.

Es ist ja nun so, dass ich gern Ski laufe. Aber irgendwie lieber in die andere Richtung. Von oben nach unten, nicht von unten nach oben.

Der Hang wurde immer steiler, die Sonne schüttete ungerührt ihr gleißendes Licht über uns aus, und keuchend zogen wir im Zickzack eine Spur, die in ein grelles Nirgendwo führte. Dann passierte, was passieren musste. Der Berg war so brutal abschüssig, dass es keine Ausreden mehr gab. Ich sollte zum Wenden eine Spitzkehre machen. Viele Tourengeher hatten mich davor gewarnt, vergiss alles, was du vom Skifahren weißt, hatten sie mir gesagt, eine falsche Bewegung, und du liegst im Tal.

Es dauerte nicht lange, bis ich wusste, was sie meinten. Vielleicht hatten sie sogar ein wenig untertrieben. Weil eine Spitzkehre tatsächlich die letzte, kippelige Rettung ist, in höchster Not am Berg die Richtung zu wechseln.

Gleichzeitig ist sie aber auch eine erbärmliche Missachtung des menschlichen Körpers, weil sie Bewegungen erfordert, für die unsere Anatomie eigentlich überhaupt keine Muskeln kennt.

Doch für Peter herrschten ganz andere Gesetze. Wer aus Bayern kommt, rief er, wurde ja vom Herrgott, *Kruzifix*, auf alles vorbereitet. Mein schwacher, leiser Einwand, aus dem Ruhrpott zu stammen, prallte an ihm ab wie das Echo seines Jodelns von der Bergwand. Ich lächelte, herzklopfend, mit dem Blut in den Schuhen, und konnte mich in diesem steilen Grauen kaum noch halten. *Buab, gemma!* Mit Schwung sollte ich den inneren Ski so drehen, dass ich im günstigsten Fall genau entgegengesetzt vom äußeren auftreten konnte. Bevor ich den anderen dann nachziehen sollte, während die Bindung hinten offen schlackerte. *Hoast mi?* Ich hatte ihn nicht und erfuhr, was es heißt, einen Knoten in den Beinen zu haben.

Ich blamierte mich bis auf die Knochen. Während Nicole neben mir spitzkehrte und den Bogen so dermaßen raushatte, als wäre sie auf Skiern geboren. Dabei kam sie erst spät dazu, erzählte sie mir und sah mir seelenruhig dabei zu, wie ich mich immer weiter verdrehte und mittlerweile um mein Leben kämpfte.

Nicole hatte gelernt, sich zu überwinden, als sie ein Bergführer vor vielen Jahren in einen Steilhang schickte, grausam, windig, Seefelder Alpen, vierzig Grad Neigung, schwärzer als schwarz. Irgendwie war sie da runtergetaumelt, sagte sie, mit angezogener Spaßbremse, nur ab nach unten, habe sie damals gedacht. Doch bis heute hatte sie ihre Angst vorm Tiefschnee nicht verloren. Hochgehen ist mir viel wichtiger, sagte sie, dieser kalte Kitzel, das tiefe Spüren von Natur.

Auch ihr erzählte ich nicht, was ich schon alles erlebt hatte. Kein Lappland, kein Baikalsee, keine weißen Höllen, ich blieb aus Furcht, mich noch lächerlicher zu machen, stur und stumm. Dabei hätte ich alter Kerl wirklich gern irgendwas gemacht, das trotz meiner erbärmlichen Kontraktionen wenigstens ein wenig nach geriatrischem Helden ausgesehen hätte. Ja, das wäre jetzt gut gewesen, so ein tröstliches Angeben. Stattdessen klammerte ich wie blöd am Berg, und jeder konnte sehen, wie meine Beine vor Bammel schlotterten.

Jedenfalls sprach Nicole einfach weiter. Gegen den Wind, gegen das Mitleid, gegen das jämmerliche Bild, das ich ihr bot. Sie nahm überhaupt keine Notiz von meinem baldigen Ableben. Blut im Schuh? Das gibt sich, schrie sie zu mir herüber, wenn sich an den Reibungspunkten der Stiefel in den nächsten Tagen Hornhaut bildet. Wirst sehen, meinte sie und guckte mich an, als wäre ich ein Bettler, der sie um ein paar Euro anpumpen wollte.

Später gab sie mir, als ich die Spitzkehre wider Erwarten doch überlebt hatte, ein neues Pflaster, das so dick wie ein Sofakissen war. Ich lächelte, ich dankte ihr, wir waren jetzt Bergfreunde, so viel stand fest. Darüber hinaus glaubte sie fest daran, bei mir ganz gute Ansätze entdeckt zu haben. Trotz der hartnäckigen Neigung, die Socken mit meinem Lebenssaft zu tränken. Du bist ausbaufähig, sprach sie großzügig und grinste fast herablassend unter ihrer Sonnenbrille.

Irgendwie wuchtete ich mich dann doch auf den Gipfel. Wir waren nur gut tausend Meter überm Meer, mir aber kam es vor, als stünde ich auf dem Nanga Parbat. Die Luft klebte vor Nässe, unten schwappte das graue, ruppige Meer im Fjord, der Wind erwachte wieder, als wir mit kalten Fingern die Felle von den Brettern zogen. Früher stammten sie von Seehunden, heute sind sie aus Naturfasern, die nicht feucht werden. Lässig strich ich über das Fell, dann verstaute ich es im Rucksack.

Ich stand oben und sollte runter. Das konnte ich schon lange, seit meiner Brücke in Bottrop. Aber das hier war was ganz anderes.

Peter knabberte lustlos am Müsliriegel, schlürfte heißen Tee und nordete uns mächtig ein. Wir sollten gefälligst langsam fahren, warnte er, nicht auf Teufel komm raus. Wenn sich hier einer die Haxn brechen sollte, würde es in dieser wunderbaren Gegend eine halbe Ewigkeit dauern, bis ein Rettungshubschrauber käme. Wir nickten, ich spürte wieder so ein fieses Stechen in den Stiefeln.

Oliver lächelte, er lächelte in die Berge, sanft, beseelt, er lächelte unsere müden Gesichter an, ich glaube, mehr Glück ging nicht für ihn. Er nestelte an der Jacke, atmete tief ein und sah aus wie ein Durstiger in der Wüste, der gerade auf sehr viel Wasser blickte. Für so ein Hochgefühl arbeitete er hart in seinem Düsseldorfer Schuhgeschäft. Er kannte über hundert Skigebiete am Arlberg, im Kaukasus, in Colorado. Aber Piste? Niemals! Glatt gebügelte Langeweile nannte er das verächtlich, auch seine Söhne wollten nur noch abseits fahren. Papa, sagten sie, du bist ziemlich cool für dein Alter.

Der Wind blies jetzt in alles, was hier oben noch offen stand. Es wurde wirklich höchste Zeit, sich in die Abfahrt zu stürzen.

Oliver strich über die Schnallen seiner Stiefel, er liebte gute Schuhe, er lebte von ihnen und hatte ein Geschäft im Rheinland. Ein letzter Griff an die Bindung, er überließ wirklich nichts dem Zufall. Dann war er weg, im steilen weißen Nichts verschwunden. Wir hinterher, von wegen vorsichtig. Ich biss mir auf die Lippen und dachte mir die Schmerzen weg. So viel Leben vertrug keine Vorsicht. Wir sprangen durch die stille, kalte Pracht, sie war so leicht, als hätte der Winter eben erst begonnen. Dabei war Ostern, und doch dachte jeder, es wäre Weihnachten. In Norwegen liegt der Schnee oft bis in den Juni hinein.

Ich bemühte mich, ich war erstaunt, dass jeder Schwung saß. Na ja, fast jeder, und am Ende der Fahrt hingen wir hyperventilierend über den Stöcken und schauten uns die Spuren an. Es gab nur wenige Einschläge, nur wenige Löcher, die von Stürzen zeugten. Ich hatte es geschafft, irgendwie, aber ich wusste nicht genau, ob es mir auch Spaß gemacht hatte.

Meine Füße waren gestorben, sie ruhten in Frieden, nichts mehr da, was ich spüren konnte. Ich nahm sie mit in die Berghütte und schüttete Rasierwasser über die offenen Wunden. So ungefähr musste die Hölle brennen. Nachts lag ich schlaflos im Bett und träumte von eisigen Bergen, die blutrot in Flammen standen. Ich schimpfte über den Schnee, er machte mir Albträume, und ich erschrak darüber schon sehr.

Einige Tage später waren wir mit Ragna unterwegs. Sie war eine kräftige, selbstbewusste Frau, die so schnell nichts umhaute. Wie Peter wirkte sie wie aus einem Baum geschnitzt. Eine Woche vorher war sie aus Freiburg mit dem Auto hochgekommen, 2100 Kilometer in 40 Stunden. Sie liebte das Abenteuer, das Wagnis der Unberechenbarkeit und das Spüren von Gefahr; wie sie es sicher auch am Muztagata in China erlebt hatte, als sie aus 7500 Metern bis ins Basislager bretterte. Zwei Schwünge, und du bist fertig in dieser Höhe, sagte sie. Nach unserer Skitour wollte sie eine zerstörte Schutzhütte am Aconcagua wieder aufbauen.

So also stand sie vor uns, tatkräftig, breitschultrig, manchmal hatte ich den Eindruck, sie nahm uns nicht richtig ernst. Ragna redete langsam, betont, oft auch streng, als wären wir kleine Kinder, denen man alles zweimal sagen musste. Gerade achtete sie darauf, dass wir die Lawinenpiepser weit genug von unseren Handys verstauten. Sonst stören sie sich gegenseitig, sagte sie, ein Ausfall könnte tödlich sein. Sie verzog keine Miene, als sie es uns sagte. Wir kamen uns ein wenig ausgeliefert vor, und letztlich waren wir es ja auch.

Unter dem Gipfel hielt sie plötzlich an. Ich gehe jetzt ein Stück rauf, rief sie, ihr wartet hier. Dann stapfte sie auf ein buckliges Ungeheuer, das *Hegguraksla* hieß, seine steilen, schroffen Flanken fielen kaltblütig in den Fjord hinab. Ragna ging haarscharf an einer schneebepackten Kante vorbei. Ich konnte kaum hinsehen, eine falsche Bewegung von ihr, und in unserem Auto wäre ein Platz frei geworden. Wie auf Befehl schmerzten meine Füße wieder, sie drehten sich freiwillig ins Tal. Sie wollten nur weg, nur runter, und der Kerl über ihnen natürlich auch.

Doch Ragna hatte Mitleid mit uns, sie war staatlich geprüfte Bergführerin und ging den Dingen gern auf den Grund. Sie kniete im Schnee, grub darin herum und ließ ihn andächtig durch die Finger rieseln. Ich hatte das Gefühl, sie wollte mit ihm reden. Ihn beschwören, besänftigen, ihn fragen, ob er auch Skifahrer wie uns mochte. Dann kam sie zurück, sie schaute sehr konzentriert und schüttelte den Kopf. Hohe Abbruchgefahr, sagte sie, alles zu nass, aber bei ihr klang es ziemlich trocken. Es gibt kein Argument, dort hochzugehen, rief sie uns zu. Ich dachte kurz nach und kam zu dem Schluss, für mich eigentlich auch nicht.

Wir fuhren den Weg durch eine weiße, gut gefüllte Mulde, sie war viel leichter zu beherrschen als dieser steile Wahnsinn über uns. Die Sonne wärmte den Hang, manchmal stach wilder Wacholder durch den Schnee. Neben mir tauchte Roland auf, schwitzend, eifrig, im richtigen Leben war er Polizist, er kam aus Sachsen und kannte gar keine Skipisten, und jeden Berg, den er hinunterwollte, war er vorher hochgestapft.

Nach seiner ersten Tour hatte es ihn gleich gepackt, obwohl er die Hänge noch immer wie ein ewiger Anfänger im Schneepflug runtereierte. Doch ich weiß, sagte er stolz, jeder Meter ist von mir. Als nach der Wende viele Menschen seiner Heimat hastig nach Mallorca düsten, um den heißen Duft der Freiheit zu genießen, war er mal eben auf Skiern den Mont Blanc hochgeklettert. Beim Abstieg bekam er ein Hirnödem, sein Schädel drohte ihm zu zerspringen, er kotzte vor Schmerzen. War knapp, sagte er. Verrückt, sagten die Freunde.

Der Hang stieg heftig an. Er stieg so unerbittlich an, dass es nur noch eine Frage der Zeit war, bis ich wieder eine Spitzkehre in den Schnee setzen musste. Ich dachte nur, nicht zu fassen. Da stehst du seit der Steinzeit auf den Brettern, und dann kriegst du sie mit dieser losen Bindung einfach nicht herumgedreht. Ich hing da oben wie ein Schluck Wasser in der Kurve und wünschte mir eine Lawine. Nur für mich. Damit ich in ihr verschwinden konnte. So sehr schämte ich mich für die motorische Beleidigung der Schwerkraft.

Sie schauten zur mir herüber. Sie hockten im Schnee, lachend, sie quatschten, und sie riefen mir ein paar nett gemeinte Vorschläge zu, wie ich meine Beine entwirren sollte. Es half alles nichts, ich fühlte mich wie ein Blindgänger; und ja, meine unberechenbaren Verrenkungen kosteten uns den Gipfel, weil sie fast bis zum Sonnenuntergang dauerten. Irgendwann befahl ich meinen toten Füßen, mich einfach nur noch ins Tal zu bringen.

Ich hasste mich, ich hasste die Berge. Ich hasste den Schnee, ich hasste den Winter. Ich schwor mir, nie mehr Ski zu fahren. Doch es dauerte nicht lange, bis ich den Schwur brach.

UNVERFROREN IN DEN HIMMEL

Die Besteigung des Kilimandscharo. Ein Traum, der einfach wahr werden sollte. Es wird ein steiniger Weg mit Angst, Übelkeit und Staunen und oben dann ein glücklicher Kniefall in den letzten Schnee des Gipfels.

Noch einmal

Ich möchte den Weg
noch einmal gehen,
der zwischen Felsen
nach oben führte
zu einem Gipfel aus Licht.

Ich möchte die Berge
noch einmal sehen,
die weiten Höhen,
die Sonne,
die durch die Wolken bricht.

Ich möchte noch einmal
die Stille erleben,
die mir am Gipfel
so wohlgetan,
in ihrer Tiefe
mich nicht bewegen,
und Glück empfinden,
nur dann und wann.

Ingrid Streicher, Schriftstellerin

Als kleiner Junge war ich ein richtiger Hosenscheißer. Das sagte jedenfalls mein Vater über mich. Er nannte mich sogar mal eine alte Memme, weil ich mit acht Jahren laut plärrend vor einem Ausflugsdampfer stand und ihn einfach nicht betreten wollte.

Nur ein paar Wochen vorher hatte ich im Fernsehen von der Titanic gehört, von den vielen erbärmlichen Toden im eiskalten Wasser und den brüllenden Menschen, die sich flehend an Bootsrümpfe klammerten, bis sie steif auf den Grund des Atlantiks fielen; und nun stand ich muffensausiger Pimpf da an der Möhnetalsperre im Sauerland und wusste, dass mein Ende nahte.

Ich schrie es jedem entgegen, der mich in den Untergang locken wollte. Nein! Ich! Geh! Da! Nicht! Drauf!, brüllte ich, wild, fiebrig, röchelnd, und mein Gesicht soll dabei so rot wie eine reife Tomate gewesen sein. Schließlich konnte mich erst ein großes, leckeres Eis von der Sicherheit des Bootes überzeugen.

Dabei tat ich damals auch alles, um meinem Ruf gerecht zu werden. Ich ging nicht auf Schiffe, weil sie sinken konnten. Ich stieg nicht in Flugzeuge, weil sie abstürzen konnten. Ich schwamm nicht im Meer, weil ich vom Hai gefressen werden konnte. Ich kletterte nicht auf Berge, weil ich herunterfallen konnte. Aber ich glaube, mein Vater war tatsächlich bloß besorgt um mich, wenn er mich mit meiner Ängstlichkeit aufzog. Waschlappen muss man trockenlegen, sagte er und schob mich liebevoll, doch sehr entschieden auf das Dreimeterbrett des Bottroper Hallenbades. So fing er erfolgreich damit an, mir die Feigheit auszutreiben.

Später las ich eifrig von Abenteuern, als ich endlich lesen konnte, ja, ich wollte gar nicht mehr aufhören, obwohl ich für manche dicke Schinken eine Ewigkeit brauchte. Sie waren so schwer, dass ich sie kaum in meinen winzigen Händen halten konnte. Ich ließ mich mit müden roten Augen in Geschichten fallen, in wuchtige Erlebnisse, in denen ich kämpfte, mich fürchtete und siegte und weinte und die ich meist nur knapp überlebte. Niemals wohl hätte ich in meinem warmen Bettchen gedacht, dass ich später selbst Dinge erleben würde, die mich an meine körperlichen Grenzen brachten und hartnäckig mit den Sinnen spielten.

Es war eine schöne Zeit, die mich sanft in Luftschlösser wehte. Die mich glücklich in den Himmel meiner großen Fantasien schweben ließ, weit weg von Einkaufengehen und Zähneputzen. Ich räumte das Bücherregal meiner Eltern aus und verkroch mich in irgendeine Ecke, um ungestört ein Held zu werden. Oft schmökerte ich bis tief in die Nacht mit pochender Lust unter der Bettdecke weiter, bis mir meine Mutter die Taschenlampe entriss und mich an so doofe Nebensachen wie die Schule erinnerte. Ich quälte mich gerade im heftigen Schneesturm einen steilen Berg hinauf oder schaukelte auf einem Rumfass im tosenden Atlantik, und sie kam mir mit Algebra und Rechtschreibung. Ich fand das äußerst ungerecht.

Aber auch meine Mutter hielt mich nicht davon ab, in heimliche Geschichten abzutauchen. Ich saß mit dem Grafen von Monte Christo im stinkenden Kerker und wurde im Leichensack ins Meer geworfen. Ich segelte auf dem Schoner von Jim Hawkins auf stürmischer See zur Schatzinsel, focht mit den Musketieren um mein junges Leben und hörte über mir das grausam laute Holzbein von Kapitän Ahab klopfen, weil er auf seiner fast geisteskranken Hatz nach Moby Dick nicht schlafen konnte und die ganze Nacht den Horizont nach dem verhassten weißen Wal absuchte.

Irgendwann entdeckte ich Ernest Hemingway. Ich glaube, es waren zuerst seine Fotos, die ihn für mich zum Helden machten.

Stolz, männlich, breitbeinig stand er da, nach einer Jagd in Afrika, als es noch nicht verpönt war, seinen Fuß auf einen gerade erlegten Löwen zu stellen. Ich fand, er hatte so ein unsterbliches Gesicht, sein stures Glotzen gab mir Mut. So wollte ich auch sein. Ich sah ihn beim Angeln neben einem toten Marlin, der zweihundert Kilo schwer war; er grinste zwischen den Hörnern eines Wasserbüffels und hielt die Gewehre in der Hand wie ein König sein Zepter. Ich esse nicht Honig, soll er gesagt haben, ich kaue Bienen, und an einem Abend mit viel Schnaps wettete er mit ein paar Kollegen um zehn Dollar, dass er eine vollständige Geschichte in sechs Wörtern verfassen könne. Er brauchte nur vier und schrieb: Babyschuhe zu verkaufen, ungetragen. Für mich war er ein echter Kerl und beim Schreiben, wie auch nicht, ein großes Vorbild.

Ich weiß noch, wie ich viele Jahre später zitternd vor seiner Schreibmaschine stand, als ich sein riesiges Haus in Key West besuchte. In der Rolle spannte ein leeres weißes Blatt Papier, das Zimmer stank nach Bohnerwachs und Vergangenheit, und ich beugte mich weit vor

über Vögel hatte ich gelesen, dass man hier auf die seltenen Weißscheitelwürger und Zwergbienenfresser treffen konnte. Ich war saumüde, deshalb war mir das gerade ziemlich egal.

Ich schloss die Augen. Ich dachte nach und grinste still in mich hinein. Sollte ich jetzt ein schlechtes Gewissen haben? Denn dass ich hier war, dass ich da oben vielleicht bald den letzten Schnee berühren durfte, diesen Traum hatte ich mir bloß erfüllt, weil meine damalige Frau ein paar Monate vorher fünfzig Jahre alt geworden war. Und das ging so.

Erst überredete ich sie zu einem Fest. Das war nicht ganz einfach, aber als ich sie dann endlich so weit hatte, überreichte ich ihr feierlich ein Geschenk, das sie wohl niemals erwartet hätte. Es kam mit Trommelmusik und einem grausam süßen Kuchen herein, auf dem das Bild des Kilimandscharo prangte. Die Gäste klatschten, einige johlten, aber die Begeisterung hielt sich dann doch in Grenzen. Weil ich Schlaumeier bei meiner Rede auch noch unbedingt darauf hinweisen musste, dass Frauen im Alter meiner schlanken Gattin deutliche Nachteile bei der Fettverbrennung hatten und sie wegen der drohenden Beckenbodenschwäche am besten nur ebenerdig schlafen sollten. Keiner fand das lustig, keiner.

Auch Martina war nicht sehr amüsiert, ich erinnere mich genau. Erst lächelte sie, gefasst, verlegen beinahe, dann zuckten ihre Brauen, was bei ihr ein sicheres Zeichen für einen heftigen Gefühlsausbruch war, gegen den ein Vulkan auf Island höchstens auf Sparflamme fährt. Und dann, ja, ich war mir ganz sicher, freute sie sich doch. Kilimandscharo? Er war stets unsere gemeinsame Sehnsucht gewesen, redete ich mir ein.

Es wurde dann doch noch ein lustiger Tag. Einige weibliche Gäste diskutierten bereits die Kleiderfrage bei zwanzig Grad minus, während die Männer um mich herum plötzlich Bärte trugen und aussahen wie Reinhold Messner kurz vor der Entdeckung des Yeti. Klamotten, riefen sie, sind doch völlig egal. Du stinkst am zweiten genauso wie am fünften Tag, wenn du nachts in deinen Schlafsack blähst. Einer stocherte mit der Gabel in einem Schokoladentortesahnehaufen herum, der verdächtig dem Mount Everest ähnelte. Kilimandscharo, fragte er und gähnte, schon mal was vom *Hillary Step* gehört? Scheißangeber, dachte ich nur. Für mich war es so, als schwärmtest du vom Tiefseetauchen mit Stachelrochen, und dann kommt einer, der so ganz nebenbei erwähnt, er habe beim Schnorcheln einen weißen Hai harpuniert. Ich konnte den Kerl sowieso nie leiden.

Wir tranken sehr viel an diesem Abend. Nach dem sechsten Bier überlegte ich mir noch, Eispickel und Steigeisen mitzunehmen, bis wieder einer dieser besoffenen Klugscheißer meinte, dass der Berg klettertechnisch so schwierig wie eine Rolltreppe im Seniorenheim sei. Es wurde Zeit, das Fest zu beenden, Martina hatte mir auch schon ein eiskaltes Lächeln über zehn Meter Tisch geschickt. Ich hatte meinen Traum zu ihrem gemacht, ich hatte ihn mir gleich mitgeschenkt. Von wegen Hemingway, sagte sie, als wir zu Hause waren, aber ich fand es, so hart, wie sie es aussprach, doch ziemlich gemein. Ich war trotzdem ein wenig stolz auf mich, der Zeitpunkt war wirklich günstig.

An einem frühen Morgen im August wollten wir auf diesem verdammten Berg stehen und zusammen die Sonne über Afrika aufgehen sehen. Leider sollte daraus nichts werden.

Als wir den kühlen Regenwald verließen, standen wir plötzlich im grellen Reiz einer Hitze, die kein Mitleid kannte. Die Sonne breitete sich brütend über uns aus, die Augen mussten sich erst an diese neue, helle Wirklichkeit gewöhnen. Da, weit hinten, lauerte er, er grinste schon wieder unter der weißen Haube aus Eis und Schnee. Ich wurde klein. Nie hatte ich irgendeinen Berg so mächtig, so rotzfrech und erhaben gesehen, und ich glaube, wir alle bekamen noch mehr Respekt vor ihm. Wir guckten stur vor uns auf den Weg, wir wurden immer stiller. Plötzlich war mir klar, dass Ernest Hemingway sicher aus Verzweiflung das Saufen anfing, als er ihn zum ersten Mal sah und ihn nicht wie wir besteigen konnte; ich ahnte, hier begann sein schlimmer Drang, der ja bei ihm bekanntlich mit einer Ladung Schrot im Hirn endete. Diese merkwürdige Erleuchtung behielt ich aber lieber für mich.

Die Jungs riefen *pole, pole,* was Kisuaheli ist und langsam heißt. Eile, eile, kein Glück, sagten sie, sie hatten ständig Angst, dass wir zu hastig gingen. Dass schon jetzt das Hämmern in den Köpfen begann. Ein Hämmern, das kommt, das kommen muss, wenn du in den Himmel steigst. Weil dein Körper nach Sauerstoff schreit, weil er dort oben weniger kriegt, als er tatsächlich braucht. Irgendwann kann das Pochen so stark werden, dass du glaubst, ein Meißel würde deinen Schädel spalten. Gabi redete häufig davon, wir konnten alle gut darauf verzichten.

Am ersten Abend erreichten wir das Simba Camp, es lag auf 2625 Metern, der zweite Tag endete am Kikelewa auf 3630 Metern und der dritte am Mawenzi auf 4310 Metern. Wir hatten bis dahin mit müdem Trotz durchgehalten, die Stimmung war gut, ich machte blöde Witze, die keiner hören wollte. Wir saßen auf wackligen Campingstühlen im Verpflegungszelt und schlangen hungrig den dampfenden Reis hinunter. Drei Frauen, drei

Männer, so um die fünfzig, und keiner von uns konnte behaupten, ein großer Bergsteiger zu sein. Wir hatten uns im Mittelgebirge eingewandert, aber diese Höhen hier kannte keiner. Jede Bewegung schmerzte, das Bücken beim Schuhebinden war ein ständiger Kampf zwischen Höhenluft und Schwerkraft.

Ich beschloss, die Stille, den Himmel, diese elementare Stimmung zu genießen und der Sonne dabei zuzusehen, wie ihr letztes Licht mit den Runzeln des Mawenzi spielte. Unter ihm glühte eine rosarote Wolkendecke, sie quoll zu uns herauf, darunter breitete sich Kenia aus. Wir stapelten kleine Steine übereinander, baut euch Wunschtürme, sagten die Träger, dann ist Gott mit euch, bis zum Gipfel. Da, ganz nah. Wir konnten ihn sehen, er dämmerte gelb in den Abend, sein Schnee funkelte noch, und wieder hatte ich das Gefühl, dass er zu uns herübergrinste.

Die Nacht war frostig gewesen, auf den Zelten lag Reif, der trotzig schmolz und von den Wänden tropfte. Der Weg sollte heute hart werden, es ging zur Kibo-Hütte auf 4703 Meter, und jeder von uns spürte, wie sich der Körper gegen diesen Blödsinn sträubte. Scheiße, dachten wir, muss das denn sein? Wir schauten hoch zu ihm, immer wieder, als wir uns durch eine staubige, traurige Wüste schleppten.

Der Atem rasselte, das Herz raste, es wollte entschieden mehr Sauerstoff, und in mir stieg ein übles Gefühl zwischen Rotzen und Kotzen auf. Schmerz trommelte gegen die Stirn, ich schob mir heimlich ein paar Tabletten in den Mund. Saidi sollte es nicht sehen, er war streng, hart und unerbittlich, er hatte die Augen eines Adlers. Weil er als Chef der Führer auf die Truppe achten und jeden von uns beim kleinsten Zweifel einer Höhenkrankheit sofort zurück ins Tal schicken musste.

Hakuna Matata, rief er oft und grinste freundlich, fast unschuldig, alles wird gut. Ich kannte diesen Spruch, der für uns alle zum frommen Wunsch wurde.

Er sollte nicht wissen, wie schlecht es mir ging, und Martina neben mir ging es noch viel schlechter. Sie atmete hastig, sie hielt oft an, weil sie glaubte, sich übergeben zu müssen. Irgendwann stellte sich Saidi neben sie und sagte, *you are my problem, lady.* Na toll, dachte ich und erinnerte mich, wie mir das Geburtstagskind, halb im Scherz, vorgeworfen hatte, sie mit meinem Geschenk in den Selbstmord zu treiben. Jetzt hatte ihr Einwand plötzlich eine ganz besondere Bedeutung, ich hatte Angst um sie, um mich, ach was, um uns alle. Zehn Menschen sollen angeblich im Jahr da oben sterben. Aber genaue Zahlen gibt es nicht, sie sind schlecht fürs Geschäft.

Ich schüttelte mich, um die schlechten Gedanken, die mit dem Wind an mir zerrten, abzuwerfen. Wir schleppten uns hoch, zum letzten Lager vor dem Gipfel, es lag auf fast fünftausend Meter. Wir gingen nicht, wir funktionierten nur noch, wir gaben den Beinen Befehle, die sie gefälligst ausführen sollten. Klaus konnte nicht sprechen, ein Backenzahn hatte sich entzündet, betäubt, fast abwesend, schluckte er Antibiotika. Martina schlürfte heißen Tee, wir kauten auf salzigem Popcorn herum und würgten es herunter. Christian tat der Rücken weh, Gabi redete immer noch vom drohenden Schicksal, das uns erwartete, ich fühle es, sagte sie und lachte. Nur Heike zog sich völlig unbeeindruckt eine filterlose Zigarette rein.

Wir krochen gegen sechs Uhr abends in die Zelte, zittrig, erschöpft, der Wecker stand auf elf. Aber keiner konnte schlafen, das Hirn blieb hellwach, und jeder dachte nur daran, was ihm bevorstand, während der Körper gierig nach Luft schnappte. Gegen Mitternacht begann der Marsch zum Gipfel, es herrschten zwölf Grad minus, und ein eisiger Wind wehte uns entgegen, als wir den schmalen Weg durch die Geröllwüste wie in Zeitlupe hochstapften. Weit vor uns hangelte sich eine andere Gruppe hinauf, die Stirnlampen auf den Köpfen wirkten wie lustige Glühwürmchen in diesem dunklen, steilen Schlamassel. Eine Lichterschlange, die zum Gipfel kroch.

Saidi stieg voran, dahinter die drei Frauen, dann Modest, ein stolzer, schöner Mann, der geschmeidig wie ein Panther schlich. Dann wir drei Männer und schließlich Eugene, ein selbstbewusst stämmiger Kerl, er schien so kräftig, so unbeirrbar stark, dass er sicher jeden von uns auf seinen breiten Schultern hätte ins Tal tragen können. Es wirkte irgendwie beruhigend, einen wie ihn hinter sich zu wissen. So gingen wir und tranken wir, jeder hatte drei Liter Wasser dabei, die er kaum herunterkriegte, wir machten einen Schritt vor den anderen, und dieser selbstgefällige Berg wurde immer steiler.

Wir schlichen nur noch, gebeugt, hechelnd, wir überholten eine kleine fremde Truppe, die sich auf die Stöcke stützte und spuckte und würgte. *We are okay,* stöhnten sie, wir wussten, dass sie logen. Ein paar Hundert Meter weiter trafen wir auf zwei weitere traurige Gestalten, die sich nach vorn beugten. Irgendwann beschloss ich, meinen Verstand auszuschalten; ich wollte bloß hoch, ich wollte, dass es hell wurde, ich wollte auf Afrika gucken. Ich wollte den letzten Schnee am Kilimandscharo berühren.

Da sah ich Martina, wie sie am Rand des Weges stand. Modest rieb ihr mit seinen Händen über den Rücken, und während er es tat, spie sie in hohem Bogen das wenige aus, was sie vor unserem Aufbruch gegessen hatte. Sie tat mir leid, ich wollte ihr helfen, doch Modest rief mir zu, dass ich mich jetzt gefälligst um mich selbst kümmern musste. Wie sollte ich auch den Helden spielen, dachte ich, wenn ich selbst am Ende war? Ich hätte sicher eine jämmerliche Figur abgegeben.

Später erzählte sie mir, wie sie mit diesem schönen, schweigsamen Mann die schlimmste Nacht ihres Lebens verbracht hatte; und sie sprach so liebevoll, so ehrfürchtig von ihm, dass ich fast ein wenig eifersüchtig auf ihn wurde. Sie fand das natürlich sehr unangebracht. Denn hinter mir spielte sich ein schlimmes, kaltes Drama ab, von dem ich sauerstoffverarmter Trottel einfach nichts mehr mitbekam.

Er putzte ihr die Nase, als darin das Eis gefror, er führte ihr die Wasserflasche an die Lippen und wischte ihr den Mund ab, wenn sie sich übergeben musste. Er blies seinen warmen Atem in die Fäustlinge, die er ihr kurz abnahm, weil die Finger darin abzusterben drohten. Er legte ihr seine eigene Windjacke um, wenn sie auf einem Stein saß und in ihrer bedrohlichen Müdigkeit nicht mehr aufstehen wollte. Er war ihr treuer Schatten, *she is my German girl,* sagte er, als er sie schweigend, freundlich, aber beharrlich den Berg hochlockte. Er schaffte es, sie schaffte es, und sie kam eine Weile nach uns auf dem Gipfel an. Sie war sogar zu erschöpft, ein Foto zu machen, Modest musste für sie auf den Auslöser drücken.

Ich war stolz auf sie, der Weg in den Himmel musste für sie die Hölle gewesen sein. Bis heute fühle ich mich ein wenig schuldig.

Es war sechs Uhr, als ich endlich oben stand. Ein beißender Wind blies mir entgegen. Die Wolken färbten sich rosa, glutroter Schimmer schlich sich in den schwarzen Horizont. Die Sonne lugte vorsichtig hervor, endlich. Niemals zuvor hatte ich sie mir so sehr herbeigesehnt. Niemals zuvor hatte ich ihre Wärme und ihre Zuversicht mehr vermisst. Ich weinte, ich empfand Dankbarkeit, Glück, tiefes Glück, und schämte mich meiner Tränen nicht. Ich dachte an meinen Vater, schickte ihm einen Gruß nach oben, der kleine Hosenscheißer hatte es ihm gezeigt.

Doch das berauschende Gefühl, auf Afrikas höchstem Berg zu stehen, blieb aus. Ich konnte mich nicht freuen, ich hatte nur noch Leere im Kopf und wollte auch, dass Martina endlich hochkam.

Ich durfte nicht warten, bis sie da war. Saidi drängte zum Aufbruch, es war noch immer unter zehn Grad kalt. *Move, folks, move,* rief er, und während mir seine tiefe, raue Stimme in den Ohren dröhnte, sah ich den Schnee. Er wirkte still, friedlich, er klebte fest am Rand des Kraters, nicht weit von uns entfernt. Mit letzter Kraft schleppte ich mich hin, er lag an einem engen Pfad, der noch weiter über den Gipfel führte.

Der Schnee wirkte hart, alt und traurig, schon lange hatte es nicht mehr geschneit, er trug tiefe Runzeln, und irgendwie, fand ich, hatte er seine Unschuld längst verloren. Ich zog mir die Handschuhe aus, um ihn besser fühlen zu können. Ich strich ihm zärtlich über die kalte Haut, ich schmeckte und roch an ihm, und ich wünschte mir, er hätte mir von früher erzählen können.

Wie viele Jahre lag er schon da? Was war alles in der Welt passiert, seitdem es ihn gab? Wie viele grausame Kaiser hatten Afrika gequält? Welche schmutzigen Kriege wurden da unten geführt, während der Schnee hier oben friedlich in die Wolken wuchs? Und wie lange würde es ihn noch geben, wenn das Klima weiter so verrücktspielte?

Ich kniete vor ihm, ach was, ich kniete in ihm. Ich war ergriffen, andächtig beinahe, selbst der Wind heulte jetzt leiser. Ich rang nach Luft, der Magen drehte sich, aber ich genoss diesen wunderbar einsamen Augenblick. Die müde Stille fühlte sich gut an. Ich wollte hier nie wieder weg.

Sechs lange, sehr lange Tage hatte ich gebraucht, bis ich ihn anfassen durfte. Nun griff ich in die jahrhundertealte Kälte, grub hastig ein Loch und spürte Schnee, den es fast so lange wie das Wetter gab. Ich kam mir winzig vor, als ich den Altar einer Natur betrachtete, deren Bilder mich nie wieder loslassen sollten. Ich lächelte, glücklich, stumm, ich war wieder der Junge aus Bottrop, der sich ans Klofenster hangelte, um dem Winter beim Frieren zuzugucken. Doch niemals zuvor, in keinem meiner Träume, hatte es so weit offen gestanden.

Es dauerte nicht lange, da zog mich Saidi hoch, schroff, wütend, *hurry up, guy,* brüllte er, ich sollte nicht länger in der Höhe bleiben. Er meinte wohl, dass ich durch den wenigen Sauerstoff jetzt endgültig den Verstand verloren hatte. Ein Mann, der im Schnee kniet. Ein Mann, der mit dem Schnee redet. Ein Mann, der sich auf den Schnee legt, und seltsam, plötzlich dachte ich an Adi. Was hätte es hier oben gesagt, dieses ängstliche schwarze Kind, das flennte, als es seinen ersten Schnee sah? Saidi fluchte, er rüttelte mich zurück in die Gegenwart. Ich gab mich geschlagen, ich war nur froh, dass er nicht merkte, was ich heimlich in meinem Rucksack verschwinden ließ.

Beim Abstieg traf ich Martina, zweihundert Meter unter dem Gipfel, ein Foto von uns beiden sollte es dort oben nicht geben. Sie hatte wieder Farbe im Gesicht, doch ihre Augen wirkten leer, ich wusste, sie kannte nur noch ein Ziel. Sie lebte gerade wieder auf, das Kotzen, die Schmerzen hatten sie nicht besiegt. Ich bewunderte den starken Willen und staunte über ihre Kraft.

Wir umarmten uns. Wir hatten große Angst gehabt, gegenseitig, um uns beide. Zwei Jahre später reichten wir die Scheidung ein.

EPILOG

Eiskalt erwischt

Auf meinem Schreibtisch liegt ein Stein. Er ist klein, braun und riecht nach Schwefel. Manchmal drehe ich ihn, wenn mir nichts mehr einfällt, in der Hand. Ich drehte ihn schon ziemlich oft, zugegeben, auch bei diesem Buch. Aber er bringt mir so verlässlich die schönen alten Träume zurück.

Ich fand ihn unter dem Schnee am Kilimandscharo. Der Krater hatte ihn ausgespuckt, wer weiß, vielleicht ist er so alt wie die Welt. Jedenfalls steckte ich ihn ein, bevor Saidi mich vom Gipfel drängte, ich habe bis heute kein schlechtes Gewissen deswegen. Ich schmuggelte ihn im Koffer am Zoll in Arusha vorbei, nehmt bitte nichts mit, hatte man uns vor dem Abstieg gewarnt. Denkt nur, jeder würde das machen, dann haben wir bald keinen Berg mehr. Dieser drastischen Warnung wollte ich nicht folgen.

Er ist jetzt immer bei mir, wenn ich einsam nach Worten suche, ja, fast verehre ich diesen runzligen Brocken. Er macht mich ruhig, einfallsreich und mutig, wenn ich auf den leeren Bildschirm blicke, der an manchen Tagen weißer als der Winter ist. Er gibt mir Trost und Zuversicht, wenn ich beginne, die Buchstaben zu hassen. Eine ältere, bezaubernde Schauspielerin, ich habe ihren Namen vergessen, hat mir mal erzählt, dass Steine denken können und eine Seele haben. Dass sie das Leben speichern und Kraft spenden können. Ich hielt das für abseitig und machte mich lustig über sie.

Doch jetzt, wenn ich ihn so auf der Haut spüre, wird er kalt, wird er heiß, kratzt, versöhnt und schmeichelt er, und ich bilde mir ein, dass er sogar meine Launen spürt. Ich glaube, er misst das Fieber meiner Leidenschaften und sagt mir, ob ich für meine Arbeit wirklich brenne. Na ja, denke ich dann, er ist ja auch nicht bloß ein blöder Stein, er hat immerhin kurz vorm Himmel im Schnee gesteckt. Tausende, ewige Jahre vielleicht, bis ihn dieser keuchende Reporter für immer ans Licht geholt hat. Ich habe ihn Afrika aus der Zacke gebrochen. Da kann ich ihn ja nicht wie einen gewöhnlichen Briefbeschwerer behandeln.

Daher habe ich beschlossen, ihm doch eine Seele zu geben. Ihn in meinem Alltag wichtig zu machen, ihn beim stummen Glotzen auf den Bildschirm zu berühren und zu hoffen, dass meine Buchstaben irgendwann das Tanzen lernen. Nie hatte ich einen Glücksbringer oder das, was man einen Fetisch nennt. Aber der Stein vom Kilimandscharo wurde einer für mich, und ich muss gestehen, ich habe seine Wirkung auf mich völlig unterschätzt. Er hilft mir beim Schreiben, ich schnüffele, ich sauge seinen alten, ranzigen Duft ein, und was soll ich sagen, die Sache läuft.

Manchmal friert mir der Stein sogar die Zeit ein, dann wirft er mich in die Vergangenheit zurück. Dann schließe ich die Augen, dann bin ich wieder klein, und meine

Mutter steckt mir die nassen Füße in den Backofen, und ich will mich mit allen Kindern prügeln, die auf den frischen Schnee von Bottrop pinkeln. Dann sitze ich mit Jens Weißflog auf der Schanze und höre das Eis singen. Dann schüttele ich gläserne Schneekugeln und freue mich, wenn es Stille regnet. Mein Vater lebt wieder und erzählt mir von seinem langen, kalten Krieg, ich sehe Friedhelm breitbeinig in den Stacheldraht vom Küstelberger Schlossberg sausen und höre Lehrer Handke hinter ihm schimpfen.

Ach, Lehrer Handke, was hätte er wohl zum kleinen Dane gesagt, von dem ich gerade gelesen habe. Er ist neun Jahre alt und wollte mit Schneebällen werfen, aber er durfte nicht, weil es für die Bewohner von Severance in Colorado verboten war. Seit über hundert Jahren war es dort nicht erlaubt, Menschen oder Tiere zu beschmeißen. Schon gar nicht mit Schnee! Da aber kam Dane und ging zum Gemeinderat, kämpfte für die Freiheit des Winters und gewann. Seitdem wird er gefeiert, es gibt Bilder im Gericht, da weint er vor Glück, und sein Mut ging um die Welt.

Als ich von Dane hörte, war ich auch wieder Kind, meine Mutter rügte mich, weil ich Schneebälle in die Fenster der Nachbarn warf, und Lehrer Handke hob den Finger, weil ich den Hang im Schuss hinunterfuhr; ja, meine schmutzige weiße Autobahnbrücke in Bottrop war gleich wieder da, und ich befand, diese Nachricht sollte unbedingt und sehr versöhnlich am Ende meiner Zeilen stehen.

Manchmal erwische ich mich dabei, dass ich wieder Schnee esse. Wenn überall der Zuckerguss des Friedens klebt und die Welt friedlich und sauber ist. Es ist so, als guckte ich für Stunden aufs Meer oder auf eine Kerze vielleicht, die in der Kirche langsam herunterbrennt.

Es macht mich ruhig, es lässt mich besser schlafen. Ich liege auf dem Eis des Baikalsees, und unter mir donnert der Zug. Ich klopfe Hetfield in Lappland den Raureif aus dem Fell, und meine Großmutter flunkert mir etwas vom Kaninchen vor, während die Lawine ins Stubaital kracht. Ich sehe Herrn Russi in das steile, kalte Grauen grinsen. Ich schiebe die traurigen Bilder meines toten Sohnes weg, als er mit eisiger Stirn auf unserem Sofa lag. Ich erinnere mich lieber daran, wie er im Wald sang und vor lauter Glück die Bäume umarmte.

Aber auch das Leben fühle ich. Ich denke an meine beiden prächtigen Söhne, die mir geblieben sind. Lächele über Jonas, er war gerade drei Jahre alt, als ich ihn auf seinen winzigen Brettern zwischen die Beine klemmte und es ihm bei der Abfahrt gar nicht schnell genug gehen konnte. Papa, lahme Ente, rief er, und sein Stimmchen war so hell, so klar wie die Sonne über Reschen.

Ich denke an Simon, wie er nach einem Rennen der Skischule in Neustift stand, seine Jacke reichte ihm fast bis über die Knie. Wir machten Witze über ihn, aber er guckte mit eiskalter Miene ins Tal, weil er hinter einer anderen Windel bloß Zweiter geworden war.

Er grub mit bloßen Händen ein tiefes Loch in den Schnee und verbuddelte wütend seine Startnummer darin. Ich nahm ihn in die Arme, er weinte, er kochte vor Ehrgeiz, wie sollte man diesen Augenblick jemals vergessen?

Ich denke an Tina, meine neue, starke Liebe. Sie genießt jeden Schwung, wenn sie Ski fährt, aber sie hasst steile Hänge. Als ich mit ihr zum ersten Mal in den Bergen war, mied sie jede schwarze Piste. Oft stellte ich mich einfach vor das Schild, damit sie es nicht sehen konnte; und schon kam sie ganz wunderbar herunter, weil ihre Beine konnten, was der Kopf nicht wollte. Nach ein paar Tagen erblickte ich in Zauchensee diese schroffe Schneise, an der ich vor einem Vierteljahrhundert einen Sandsack in den Fangzaun stürzen sah. Herr Bellutti von Bellutti kam mir wieder in den Sinn, und ich hörte Madame Frapier aus Paris, wie sie gerade von Dehnungsfaktoren, Bruchlasten, Stauchhärten und der Möglichkeit einer Vierfachtötung sprach. Alles sah aus wie damals, Tina sagte ich nichts davon.

Es gäbe noch viel zu erzählen vom Winter. Von der Kälte, dem Eis. Ich fuhr Ski mit einer hübschen Frau, sie hatte durch einen Unfall nur noch ein Bein, und wenn glotzende Kinder sie auf der Piste fragten, wo denn das andere sei, rief sie, da, der Eisbär, dahinten läuft er noch. Ich redete mit dem Wetterwart der Zugspitze, der dort oben lebte und sich wie ein Kind über jeden neuen Morgen freute, der einen kalten Tag versprach. Ich unterhielt mich mit Jelana Välbe im estnischen Sommer von Otepää über den Winter. Sie war die beste Skilangläuferin der Welt und bekannte sich tapfer zum Baltikum, während die Panzer über den Roten Platz rollten und im Jahr 1991 das Ende der Sowjetunion verhindern wollten. Nur knapp kam ich wieder über die Grenze.

Ich traf einen Mann, er war alt und grau, und ich setzte mich einfach auf einem See in Finnland zu ihm an ein zugiges Wasserloch, das er am frühen Mittag ins Eis gesägt hatte.

Wir saßen da, schwiegen uns an, er hielt eine Schnur über das Wasser, und unsere Münder rauchten. Seine Hand zitterte, und als er irgendwann einen mickrigen Fisch herauszog, küsste er ihn auf seine nasse Stirn und warf ihn wieder in die Freiheit. Ich liebe diesen Ort, sagte er mir, er macht die Welt so still, so sanft und rein. Dann kamen ihm die Tränen. Seine Frau war gestorben, er konnte es nicht ertragen, zu Hause Dinge zu sehen, die ihn an sie erinnerten. Er wollte lieber hier draußen seine

Trauer abschütteln, frei werden vom beißenden Schmerz. Wir tranken einen üblen Schnaps, er brannte im Hals, und wir lachten, und wir weinten.

Oft denke auch ich an den Tod, ich bin in einem Alter, in dem es erlaubt und eigentlich Pflicht ist, sich mit allem Anstand auf ihn vorzubereiten. Auch ist der Gedanke daran niemals weit weg für einen Vater, der seinen Sohn in den Sarg gelegt hat. Jakob hat in seinem kurzen Leben nur wenig Schnee gesehen. Einmal hat er sich mit ihm, so herrlich albern, sein blasses Gesicht gewaschen. Ich träume häufig von ihm, aber nie ist es Winter, immer ist alles zart und warm, wenn ich ihn mir vorstelle. Sicher ist es Liebe, was denn sonst?

Ich hörte von Menschen, vor deren Augen beim Sterben die dichten, schönen Bilder ihres Lebens vorbeiglitten, und ich glaube, wenn ich mir was wünschen dürfte für meine letzte Stunde, wäre es dies: Ich falle von meinem Klofenster in die starken Arme meines Vaters, draußen schneit es, und mein toter Sohn klatscht vor Freude und hüpft so lange durch sein geliebtes Leben, bis er selbst alt geworden ist.

Und, ja, ich hoffe, wenn es so weit ist, legt mir jemand den Stein vom Schreibtisch auf die frische Erde.

Es war drei Wochen nach Weihnachten, als ich die letzten Seiten dieses Buches schrieb. In den Bergen schneite es, viele Tage lang legten sich volle, schwere Wolken auf die Hänge, und ein paar einsame Täler waren mit dem Auto nicht mehr zu erreichen. In den Zeitungen stand, dass die Alpen im Chaos versänken und einige Bergdörfer völlig von der Außenwelt abgeschnitten seien.

Über zwei Meter Schnee waren gefallen, er lag wie eine süße Sünde auf den Dächern der Häuser, und das Fernsehen brachte Sondersendungen, in denen sich Reporter mit Fellmützen am Straßenrand bis zur Hüfte in die weiße Pracht stellten. Sie wirkten aufgeregt und plapperten ununterbrochen von einer dramatischen Lage, weil es den Menschen plötzlich an Klopapier mangelte und sich die Nachbarn mit Eiern und Butter aushelfen mussten. Lieber Gott, wirf Hirn vom Himmel, dachte ich nur, als ich die Nachrichten schaute.

Später sah ich einen krummen, greisen Mann, hastig hielt man ihm ein Mikrofon unter die Nase. Fast erschrak er, als er im dicken Mantel durch sein gemütliches Dorf stapfte und sich plötzlich eine riesige Kamera auf ihn stürzte. Er sah ein wenig wie Alois aus, mit dem ich vor zwanzig Jahren am Arlberg eingeschneit war. Was er denn zur Katastrophe sagen würde, fragte man ihn. Der Alte schien verwirrt, er zögerte. Zuerst verstand er die Frage nicht, er schnaufte, da aber hörte ich ihn, leise, zaghaft, er sagte nur einen Satz.

Es ist Winter, sagte er, und im Winter fällt Schnee. Dann schüttelte er den Kopf und ging weiter.

Danksagung

Ich mag es nicht, wenn man meine Texte anrührt. Ich bin noch so ein alter, unverbesserlicher Journalist, der mal dachte, mit den paar Buchstaben die Welt zu verändern. Der meint, seine Sätze seien in Stein gemeißelt, und dabei gern übersieht, dass man mit den Zeitungsseiten vom vergangenen Tag die Fische einwickelt.

Selbstverständlich ist so ein Buch bleibender, es steht bei mir stolz im Regal. Manchmal glänzt es sogar in der Sonne. Da ist es umso versöhnlicher, dass es Menschen wie Gerd Wagner gibt, der an meine Idee glaubte, und Lars Schultze-Kossack, der sie verkaufte, und Sarah Winter, die das Buch zu einem grafischen Kunstwerk machte. Ihnen allen danke ich, aber am meisten danke ich Claudia Jürgens.

Erst war ich argwöhnisch, fast beleidigt, als ich am Rand des Manuskriptes ihre Korrekturen sah. Aber dann merkte ich, sie hat mit allem recht, wenn sie mich sanft, aber sehr hartnäckig auf Stellen hinwies, die grammatikalisch schief oder einfach nur sehr missverständlich waren. Ich folgte ihr, na ja, beinahe immer. Ihr gilt mein großer, ehrlicher Dank. Niemals zuvor bin ich klüger verbessert worden, und ich wünschte mir, dass die Arbeit von Lektoren mehr gewürdigt würde.

Meine Eltern mögen mir verzeihen, dass ich ihnen erst jetzt danke. Vater erklärte mir oft eindringlich die Welt, auch wenn er wieder und wieder vom Krieg erzählte, und als junger Kerl stellte er mich zu einer so frühen Zeit auf die Bretter, dass ich zu einem echten Naturereignis in Bottrop wurde. Er wärmte mich, wie meine Mutter, mit seiner Liebe, auch wenn es gelegentlich einen Satz heißer Ohren gab. Häufig hatte ich es auch verdient.

Meiner Schwester Barbara danke ich, dass sie wieder mit mir redet, nachdem ich sie in Österreich eiskalt lächelnd, und weil ich es einfach lustig fand, in steile Hänge schickte, auf denen sie nur knapp dem Lawinentod entkam. Ich danke Martina und unseren Söhnen Jonas und Simon für die Tage in dem oft wunderbar tiefen Schnee des Arlbergs, als wir in Pettneu bei den Freunden Roswitha und Peter wohnten. Wie gern nur hätten wir gesehen, dass dort auch der verstorbene Jakob glücklich und ernsthaft seine Spuren in den Schnee gesetzt hätte.

Ich danke meiner geliebten Oma vom kalten Eigen, dieser tapferen kleinen Frau, ach was, da fehlt hier jeglicher Platz, um ihr für alles zu danken, was sie mir fürs Leben gab. Sie wusste natürlich nicht nur, warum Kaninchen in der Kälte schrumpfen.

Auf den zahlreichen Reisen traf ich Menschen, ohne sie hätte ich die Geschichten niemals schreiben können, die ich für dieses Buch schrieb. Ich danke Jens Weißflog, dass er mir auf der Sprungschanze von Oberwiesenthal den Respekt vor der Angst beibrachte und mich hören ließ, wie zauberhaft die Melodie des Eises klingt. Ich danke Marc Girardelli, der mir vertrauensvoll von seinen Träumen erzählte, er tat es genauso wie Armin Bittner und Katja Seizinger, deren Karrieren, auch nach dem Sport, ich bis heute bewundere.

Ich durfte an einem heiteren, warmen Wintertag mit Markus Wasmeier über die Pisten von Garmisch-Partenkirchen brettern. Doch ehrlicherweise hing er nur irgendwo über den Stöcken und hielt sein Gesicht in die Sonne, bis ich endlich nachkam. Danach behauptete ich kaum noch, ein guter Skifahrer zu sein. Ich danke Bernhard Russi für seine erstaunlichen Erkenntnisse über das Seelenleben junger Rennläufer, die sich in derart grausame Abgründe stürzen, dass sie ebenso gleich den Freitod wählen könnten.

Außerdem danke ich Andrej Tanitschew, weil er uns unaufgeregt und sicher über das Eis des Baikalsees führte und uns nach der zweiten Flasche Wodka leicht schwankend zu Russen ernannte. Frank Dietz danke ich, dem großartigen Freund und Fotografen, wir stehen zwar beide nicht auf Männer, aber in einer bitterkalten Nacht kamen wir uns im sturmschiefen Zelt immer näher, um die Wärme unserer beiden Körper zu nutzen. Ich denke an Adi, der hoffentlich den Winter noch liebt, und wie gütig wäre es doch vom Schicksal, wenn ich Aasmund Kleiv danken könnte und Eivind Strondi aus Morgedal. Aber sie werden wohl nicht mehr leben.

Es sind die kalten, dichten Bilder, die gleich wieder da sind, wenn es darum geht, sich zu bedanken. Der alte, stille Mann am Eisloch, dessen Namen ich nicht kannte, ihn würde ich gern noch einmal tröstend in den Arm nehmen. Ich könnte die treuen Hunde vor meinem Schlitten streicheln, die mich so klaglos durch Lappland trugen, und Doktor Schneebeli danken, der einem miserablen Chemieschüler wie mir geduldig die fragile Geometrie der Eiskristalle beibrachte.

Eigentlich müsste ich auch dem alten Hemingway danken. Ohne sein merkwürdig schläfriges Buch, das viele so mögen, wäre ich Afrika niemals aufs Dach gestiegen. Ich wollte es ihm bestimmt nur zeigen, aber wer bin ich, ihn dafür zu kritisieren, dass seine berühmten Zeilen so wenig mit dem Kilimandscharo zu tun haben. Viel wichtiger ist da der Dank an Heike, Gabi, Klaus, Christian und

Martina, die damals meine Ehefrau war, ihr danke ich vor allem, dass sie so mutig bis zum Gipfel durchhielt. Sie selbst wird bestimmt auch niemals Modest vergessen, diesen schönen schwarzen Mann, der sie so still begleitete und in der Nacht des Aufstiegs immer an sie glaubte.

So eine Danksagung kann nicht vollständig sein. Sicher gibt es welche, die jetzt am Ende sagen, hättest ja auch mal an mich denken können, ohne mich wäre das hier nichts geworden. Aber wenn ich so den ganzen Tag am Schreibtisch hockte und häufig laut fluchte, weil ich die Sätze mal wieder stöhnend in die Texte hebelte, gab es da einen wunderbaren Menschen, der in mein Arbeitszimmer stürzte, den Arm um mich legte und einfach nur da war. Danke, Tina, dass du mich liebst und dass du nicht nur beim Schreiben meine schlechten Launen erträgst.

Und dann, nicht lachen, danke ich dem Winter, weil er die Welt noch immer mit Schnee verwöhnt.

Quellennachweis

S. 23 © Carl Peter Fröhling
S. 37 www.ris.bka.gv.at
S. 53 Zit. nach: Jens Jahn, Egon Theiner: Enzyklopädie des Skispringens, Kassel: Agon Sportverlag 2004
S. 65 Aus: Werke und Briefe. Stuttgarter Ausgabe, Band II: Lyrik 1906–1914. Hg. v. Martin Kießig Stuttgart: Urachhaus 1992
S. 81 © Schrottgrenze
S. 93 www.news.de
S. 109 Aus: Herznah. Gedichte. Sprakensehl: Asaro 2003 © Ernst Ferstl
S. 127 Aus: »Helm auf, Hirn aus«. Interview mit Weltmeister Patrick Ortlieb über Mut, Grenzerfahrungen und die Unfallserie bei den Abfahrten © Der Spiegel, 6/1997
S. 143 Aus: Das ewige Licht. Leipzig: Staackmann 1897
S. 159 Aus: Susann Burwitz, Ein Herz für Frostbeulen © www.tagesschau.de, 26.2.2018
S. 175 Aus: Fräulein Smillas Gespür für Schnee. Aus dem Dänischen von Monika Wesemann © 1994 by Hanser Verlag, München/Wien
S. 187 Aus: Der Amsel Lied © 2008 by Steinmaßl, Grünbach

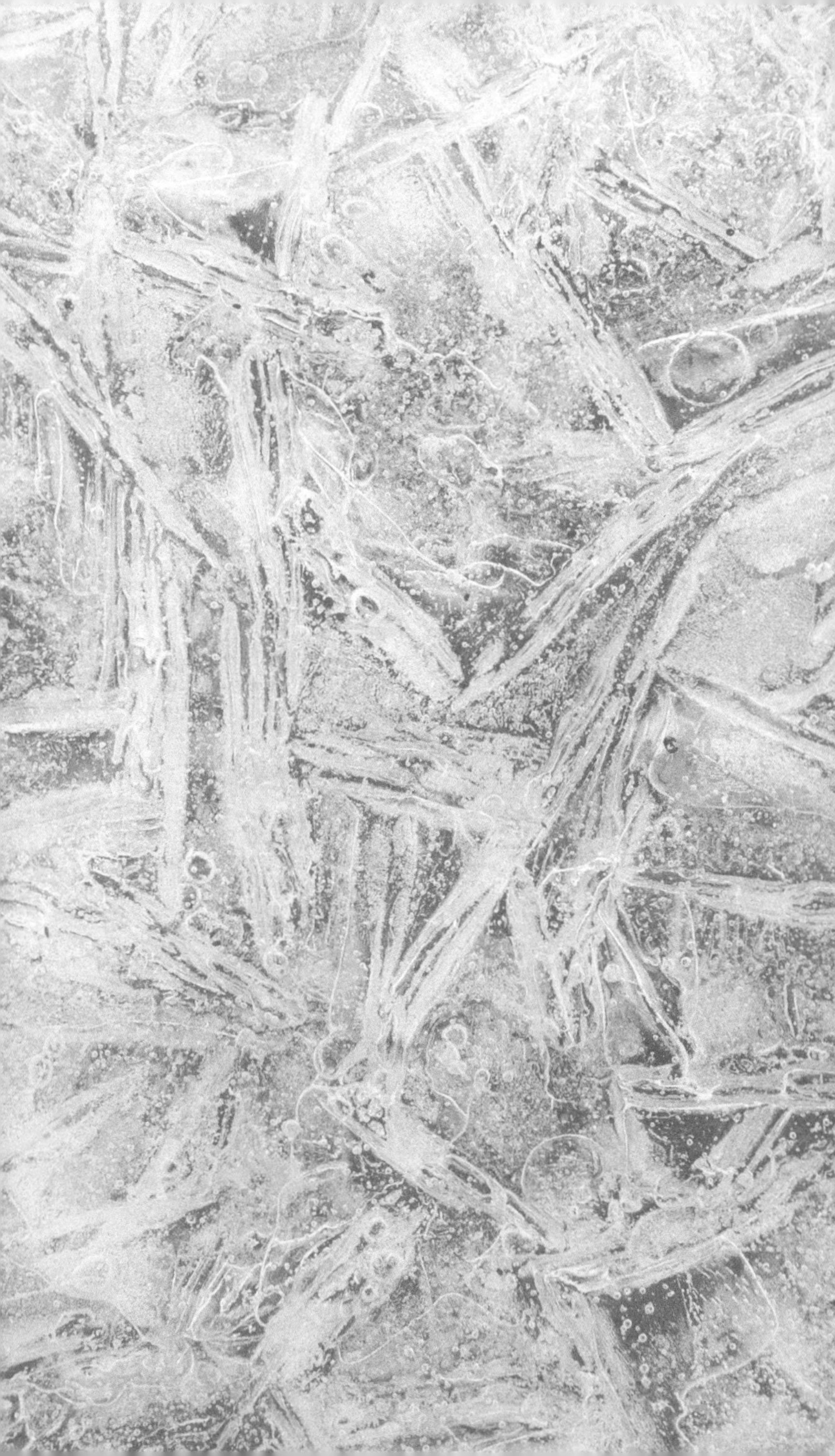

Michael Schophaus,

geboren 1956, hat in Köln Sportwissenschaften studiert und als Reporter von Olympischen Winterspielen und Skiweltmeisterschaften berichtet. Er begann in der Hamburger Redaktion des *Stern,* später war er u. a. für namhafte Zeitschriften wie *Merian, ZeitMagazin, Geo-Saison* und *Max* tätig. Auf seinen Reisen fuhr er mit dem Hundeschlitten durch Lappland, überquerte das Eis des Baikalsees in Sibirien und bestieg den Kilimandscharo. Heute ist er freiberuflicher Journalist und Autor zahlreicher Sachbücher.

Herausgeber: Gerd Wagner
Lektorat: Claudia Jürgens, Berlin
Buchgestaltung und Typografie: Sarah Winter, Hamburg

Schrift: Aila, Sofia Pro
Papier: 100 g/m² Fly 07 Schneeweiß, 1,2faches Volumen
Druck und Bindearbeiten: Westermann Druck, Zwickau
Printed in Germany

Der AT Verlag, AZ Fachverlage AG,
wird vom Bundesamt für Kultur mit einem Strukturbeitrag
für die Jahre 2016–2020 unterstützt.

www.at-verlag.ch

ISBN 978-3-03800-019-8